铝电解阳极组装设备故障诊断与维修技术

赵顺泽　王　衡　主编

北　京
冶　金　工　业　出　版　社
2020

内 容 提 要

本书对铝电解阳极组装车间的设备常见故障的诊断和维修做了全面的阐述。全书共 14 章，基本囊括了阳极组装生产线装卸站、电解质清理机、残极抛丸机、残极压脱机、磷铁环压脱机、浇铸站、中频感应炉、破碎机、起重机和环保设施等主线设备及其他辅助设备，并且对工业电气自动化、工控网络通信等做了介绍。

本书适用于铝电解阳极组装设备维修人员、生产技术管理人员、设备操作人员、员工教育培训人员学习使用，也可供机械工程、电气工程、有色金属冶金工程等相关专业的研究人员阅读参考。

图书在版编目（CIP）数据

铝电解阳极组装设备故障诊断与维修技术／赵顺泽，
王衡主编 . —北京：冶金工业出版社，2020.6
ISBN 978-7-5024-8502-3

Ⅰ.①铝…　Ⅱ.①赵…　②王…　Ⅲ.①氧化铝电解
—阳极氧化—电解槽—故障诊断　②氧化铝电解—阳极
氧化—电解槽—维修　Ⅳ.① TF821.032

中国版本图书馆 CIP 数据核字（2020）第 095229 号

出 版 人　陈玉千
地　　　址　北京市东城区嵩祝院北巷 39 号　邮编　100009　电话　(010) 64027926
网　　　址　www.cnmip.com.cn　电子信箱　yjcbs@cnmip.com.cn
责任编辑　张熙莹　郭雅欣　美术编辑　彭子赫　版式设计　彭子赫　孙跃红
责任校对　王永欣　责任印制　李玉山
ISBN 978-7-5024-8502-3

冶金工业出版社出版发行；各地新华书店经销；北京捷迅佳彩印刷有限公司印刷
2020 年 6 月第 1 版，2020 年 6 月第 1 次印刷
148mm×210mm；5.125 印张；148 千字；147 页
49.00 元

冶金工业出版社　投稿电话　（010）64027932　投稿信箱　tougao@cnmip.com.cn
冶金工业出版社营销中心　电话　（010）64044283　传真　（010）64027893
冶金工业出版社天猫旗舰店　yjgycbs.tmall.com
（本书如有印装质量问题，本社营销中心负责退换）

本书编委会

主　　任　高兴禄　文义博

主　　编　赵顺泽　王　衡

副主编　徐寿玲　赵亮堂　王超群　李清明

编写人员　（按姓氏笔画排序）

丁军胜　门进龙　王　旭　王　星　王　涛

王大业　王万杰　朱万鹏　乔新沛　刘飞元

刘勇强　杨志贤　杨胜年　吴利君　辛志鹏

张　亮　张　爱　张春辉　赵亚楠　赵兴辉

赵国强　胡启昂　袁　鹏　徐　权　曹正太

常建国　潘旭仁

前　言

随着我国电解铝工业的发展壮大，电解铝工业装备越来越趋向自动化、集成化和智能化，其中阳极组装工序作为电解铝工业的一个重要环节体现尤为明显，各种新思路和新装备不断涌现。为了与大型预焙电解槽相配套，阳极组装工序生产效率需相应提高，因此，为保证阳极组装设备高效稳定运行，对设备的维保和管理需采取更高的标准和更科学的管理方式，并且需构建专业化的设备维护团队。

本书以甘肃东兴铝业嘉峪关阳极组装二作业区生产设备为基础，并参考同行业阳极组装生产线和相关行业的设备维修办法，对铝电解阳极组装自动化生产线的主要设备从设备原理、结构组成、工艺特性及常见故障与维修方法等做了详细阐述。全书由装卸站、电解质清理机、残极（钢爪）抛丸机、残极压脱机、磷铁环压脱机、浇铸站、积放式悬挂输送机、起重机、布袋脉冲式除尘器、中频无芯感应炉系统、自动化控制系统、破碎机、料斗式输送机、带式输送机共 14 章组成。适用于铝电解阳极组装设备的维护与检修管理，可作为铝电解阳极组装设备维修的作业参考书或职工培训教材。

本书第1章由李清明编写，第2章由吴利君编写，第3章由王万杰编写，第4章由赵兴辉编写，第5章由杨志贤编写，第6章由张春辉编写，第7章由王衡、胡启昂编写，第8章由张爱、张亮编写，第9章由朱万鹏、王涛编写，第10章由王超群、赵顺泽、潘旭仁编写，第11章由赵亮堂、王旭编写，第12章由袁鹏、辛志鹏编写，第13章由刘勇强编写，第14章由门进龙编写。

感谢马永胜、徐寿玲、窦凡辰、孙熙文、金振国、曹正太、陈汉章对本书编写的技术指导。

感谢丁旺、张向清、赵尚龙、李强强、王宇飞、薛柯、李鹏明、赵伟东、杨林峰、朱建年、吴小刚、蒙丽文、丁军胜、张亮、张旭德的支持和建议。

本书著作权归甘肃东兴铝业有限公司所有。对设计单位沈阳铝镁设计研究院有限公司、奥图泰加拿大有限公司和东兴铝业有限公司铝业研究院等单位表示衷心的感谢！

受经验与能力所限，书中不足之处，敬请大家批评指正。

编　者

2020年3月

目 录

1 装 卸 站

1.1 装卸站的介绍

装卸站是阳极组装车间自动化生产线的第一道工序设备，主要负责电解返回残极导杆组的上线和浇铸完成的成品阳极下线工作。主要功能包括残极上线、成品阳极下线和电解质托盘倾翻。其主要工作原理为：残极托盘通过叉车叉运至托盘摆放位，通过移动小车的运输和升降，将残极导杆组悬挂至悬链输送机钟罩吊具并运输至下游电解质清理机；成品阳极通过装卸站拍打器解锁下线，经叉车运送到成品库中供电解使用；托盘内的电解质块通过装卸站倾翻装置进入电解质输送皮带，最终输送至电解质破碎站进行破碎。装卸站的运行有手动和自动两种模式，可满足不同工况操作要求。东兴铝业嘉峪关分公司阳极组装自动线装卸站引进加拿大奥图泰公司产品，制造水平和性能水平达到行业最优，目前单机产能达到每小时 55 组，联动产能达到每小时 45 组。装卸站总体结构如图 1-1 所示。

图 1-1　装卸站

1.2 装卸站的设备组成

装卸站主要由装卸小车、近（远）端扶正架、托盘倾翻器、拍打器、液压系统和配电系统等部件组成。其中移动小车的前进、后退采用电力拖动方式，插装式变频一体化机可实现小车行走的高低速切换，小车升降采用液压比例控制阀实现精准控制，操作系统采用先进的人机界面，整套设备采用了先进的 PLC 控制系统，实现了设备的自动化、高效能运行。

1.3 装卸站常见的故障诊断与维修

1.3.1 液压系统常见的故障诊断与维修

液压系统常见的故障诊断与维修见表 1-1。

表 1-1 液压站常见的故障及处理方法

故障描述	故障分析	处理方法
油温过高	冷却系统发生堵塞或水压不足	疏通冷却水管道或更换油水交换器
	溢流阀（安全阀）失调，大量液压油进入油箱	更换安全阀
	循环泵损坏	更换循环泵
液压油过脏	过滤器滤芯堵塞	更换过滤器滤芯
	液压油杂质过多	更换液压油
油位过低	液压管道或执行油缸漏油	更换或紧固油管、油缸，添加液压油
压力不足	油温的变化改变液压油的流动性	检查或更换加热器
	油泵调压阀失调，内部活塞卡阻	更换油泵
	安全阀失调，输出压力缩小	更换安全阀

1.3.2　装卸小车常见的故障诊断与维修

装卸小车（见图1-2）是装卸站的中枢设备，其完成了装残极、卸阳极、托盘运输功能。如果装卸小车发生故障不能正常运行，装卸站就如同虚设，相当于瘫痪。所以移动小车的维护保养是装卸站的重中之重，检查必须做到经常性，必须细心、认真。小车由托运面板、升降支架、油缸、支撑架、行走轮、驱动轴、电机减速机等组成。

图1-2　装卸小车

1.3.2.1　升降支架常见的故障及处理方法

升降支架的运动作用力由液压提供，举升油缸执行，油缸上底座与内支架焊接固定，外支架与内支架使用轴连接，轴与内支架通过键固定连接，外支架与轴套为过盈配合，轴套与轴的装配方式为过度配合。在生产运行过程中经常出现上升高度不够，导致装残极失败率大幅度升高；或上升下降时产生异音。其发生故障的原因及处理方法见表1-2。

表 1-2　升降支架常见的故障及处理方法

故障描述	原因分析	处理方法
上升下降不到位	油缸上底座轴孔严重磨损，产生较大间隙	更换焊接底座，做好耳环轴承的润滑
	底座与油缸耳环的连接销磨损严重，产生过大间隙	更换连接销，并做好耳环的润滑
	油缸耳环内轴承碎裂，造成间隙过大	更换耳环轴承
	驱动轴与轴套严重磨损，造成间隙过大	更换轴或轴套，并做好润滑
	角度传感器松动或位置不当	调整传感器并紧固
上升下降过慢或压力不足	液压控制阀出现故障	更换液压阀
	比例卡失调	更换比例卡
	液压泵输出压力不足	调节主油泵压力
焊缝开裂	轴与轴套的磨损，造成左轴与右轴处间隙大小不同，小车负重后发生偏斜，上升或下降受力不均，内支架与上底座焊缝可能会扭裂	更换轴或轴套，焊接加固开焊处
产生异音	活动关节处润滑不够	加油润滑

1.3.2.2　驱动轴及小车常见的故障与维修

生产运行过程中，驱动轴的故障率占装卸站总故障率的 70% 以上。常见的故障有电机减速机故障、轴断裂、螺栓松动、螺栓断裂、轴承碎裂、轴承座碎裂、轴的轴向窜动等。装卸站的生产环境较恶劣，生产中会产生大量的电解质灰粉，灰粉随着空气的流动进入设备的间隙中，尤其是轴承、轴承座及活动关节润滑部位等，造成零件的快速磨损，也会使润滑油失效。图 1-3 所示为驱动轴的结构。

生产中，托盘承装一盘残极（或成品阳极），加上小车自身质量，总质量超过 10t，所有力集中在图 1-3 中 1 上，小车在装卸过程中突然上升或停止的瞬间会出现超重现象，对轴具有冲击作用。在这样的反复作用下，再与电机的扭力相结合，轴的强度降低，尤其在焊缝处。

为了安装行走轮，加工过程中将焊缝余高打磨，在轴的根部形成很大的应力集中，引起焊缝内部裂纹的快速扩展，最终导致轴与法兰的焊接点开裂而分离。为此，改良轴的加工工艺是一项必要的防范措施。表 1-3 为驱动轴及小车常见的故障及处理方法。

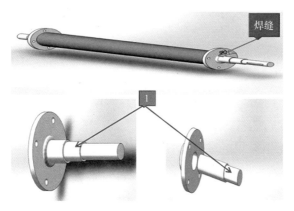

图 1-3 驱动轴

表 1-3 驱动轴及小车常见的故障及处理方法

故障描述	原因分析		处理方法
前进后退无效	电机故障	电机轴承损坏	更换电机，并维修保养旧电机
		减速机齿轮破损	更换安装齿轮
		负载过大，电机烧损	更换电机
	机械故障	焊缝处开裂	更换小车驱动轴
		轴承损坏	更换轴承，做好润滑
		电解质块卡阻扫料板	及时清理地坑大块电解质
	电气故障	激光传感器数据错误	调整感应板，保证空间能见度
		变频器过载	处理卡阻，变频器复位
		控制柜输出错误	更换保险或模块
		操作台按钮失灵	更换操作屏

续表 1-3

故障描述	原因分析	处理方法
减速机漏油	减速机内部密封破损	更换减速机，修复保养漏油减速机
	由于振动引起端盖掉落	做好防震装置，安装端盖并加油
行走有异音	电机防护罩与风扇叶片摩擦	校正防护罩调整位置并固定
	减速机中润滑油缺失	添加齿轮油
	驱动轴轴承座固定螺栓松动	紧固螺栓
	扫料板螺栓松动与轨道摩擦	调整并紧固螺栓

1.3.3 扶正架常见的故障诊断与维修

扶正架也是装卸站的一大机构，其任务是将托盘中的残极或成品阳极扶正，保证导杆顺利导入或导出悬链钟罩。扶正架的结构如图 1-4 所示，由近端扶正架、远端扶正架、扶正滑竿等组成，扶正架的动作由液压油缸来执行。扶正架的运行轨迹单一，所以出现的故障较少，一般表现为限位开关失效，扶正架伸出或收回不到位，扶正滑竿的滑动轨道及复合轴承出现异常。扶正架常见的故障及处理方法见表 1-4。

图 1-4 扶正架

表 1-4 扶正架常见的故障及处理方法

故障描述	原因分析	处理方法
限位无感应	接近开关松动、掉落、线路故障	调整位置并紧固、更换开关
扶正滑竿晃动较大	滑竿导向复合轴承掉落、碎裂	更换安装复合轴承
扶正时扭斜残极或成品阳极	近端与远端扶正架间隙过大	油缸底座或扶正前端导向轮底座加装垫片
伸出收回有异响	摆臂关节耐磨铜垫片严重磨损	更换铜垫

1.3.4 倾翻器常见的故障诊断与维修

托盘倾翻器是将托盘中的电解质倾翻倒入电解质输送皮带中，其结构如图 1-5 所示。托盘倾翻的力是由油缸施加，油缸在伸出和收回的瞬间，对油缸前底座及倾翻器旋转轴底座造成冲击，对底座螺栓有很强的切应力和拉力，会造成底座螺栓的断裂或拉伸，尤其是倾翻器旋转轴底座。螺栓承受的应力随倾翻角度的变化发生切应力与拉应力的转变。切应力的反复作用，使螺栓孔径发生变化，拉应力的作用使螺杆拉长或弯曲，使固定螺栓松动，最终导致底座活动量过大。所以旋转轴底座的螺栓强度直接影响着倾翻器的稳定性及同轴度。当倾翻器的稳定性和同轴度不能保证时，倾翻器就会出现一系列很难解决的问题。如油缸底座扭裂或撕裂等。常见的故障及处理方法见表 1-5。

表 1-5 倾翻器常见的故障与处理方法

故障描述	原因分析	处理方法
倾翻限位感应不到位	限位开关松动、掉落损坏	调整位置后紧固或更换
	旋转轴座松动引起倾翻器轴向窜动	更换轴座螺栓，制作防松装置
	轴承损坏或碎裂引起轴向窜动	更换轴承，做好润滑
油缸拉环断裂	拉环强度较低，产生应力集中断裂	更换强度较高的拉环
	倾翻器倾斜，油缸作用力偏离，产生扭矩	调整倾翻器，并固定

图 1-5　托盘倾翻器

1.3.5　坦克链常见的故障诊断与维修

　　小车升降油缸、平衡阀、角度传感器、电机减速机都固定在小车上，小车行走时，这些部件也随着前进后退，电缆及油管连接在这些部件上，其形状随小车的行走也发生着变化。装卸站由于作业环境较恶劣，电缆及油管不能裸露在外面，其中坦克链就是油管和电线的防护装置，如图 1-6 所示。在生产中常有电解质从托盘中掉落，可能会砸中坦克链造成坦克链砸伤，或落入坦克链轨道，小车运行时发生变

图 1-6　坦克链

形，缩短坦克链的使用寿命。电解质碎块可能会通过坦克链上下板的间隙进入内腔，随生产的运行不断积累，也会对油管或电缆造成不同程度的划伤，最终导致漏电接地或油管漏油。所以定期清理电解质是保护坦克链的有效措施。当坦克链链板大面积变形或破损，就需要及时更换坦克链。更换坦克链时，预先将油管和电缆装入坦克链，并做好防护。安装固定坦克链时可根据坦克链的特点对坦克链接头角度做适当的调整。

1.3.6 拍打器常见的故障诊断与维修

拍打器是装卸站的卸阳极装置。拍打器的动力来源是压缩空气，通过气缸推动摇臂，按下钟罩的卡具按钮，小车下降就可将成品阳极从钟罩中脱离开来。其故障一般表现为气压不足，钟罩锁扣无法打开，伸出和收回的接近开关感应不到，气缸、拍打器马蹄铁与钟罩相互卡锁等故障。

相应的处理方法为调节气压或更换气动单元，调整开关位置并紧固，更换气缸。拍打器执行伸出时必须保证钟罩在正确位置，并垂直于悬链。

1.4 装卸站备品备件明细

装卸站备品备件明细见表 1-6 ~ 表 1-8。

表 1-6 装卸站各机构轴承汇总

使用部位	型　号
移动小车电机轴承	6206 和 6207
移动小车车轮轴承	22215 EK 10/178KWR
移动小车升降油缸关节轴承	GEZ 50 ES 2RS
托盘倾翻器油缸关节轴承	GEZ 44 ES
导杆扶正器侧推油缸关节轴承	B24-EL
导杆扶正器侧推移动复合轴承	USA BNUP 2664145 MANUF ACTING

续表 1-6

使用部位	型　号
推车机链条驱动齿轮法兰轴承	SKF FYRP 2.1/2
推车机移动复合轴承	WINKEL 4.061 AP4
扶正架油缸关节轴承	B32-EL

表 1-7　装卸站各机构液压阀和气动阀汇总

使用部位	分　类	型　号
托盘倾翻器液压阀组	平衡阀	CBGA-LHN-HCM/S
	球阀	FBV21200001M
	单向阀	RV307S
	方向控制阀	DSHG-06-3C4-T-D24-N-5390
移动小车液压阀组	平衡阀	CBGA-12-N-S-12TS-30
	球阀	BBV21120001MLD
	单向阀	RV207S
	比例控制阀	EDFHG-03-100-3C40-XY-31-SU
导杆扶正器液压阀组	球阀	BBV21120001M
	单向阀	RV207S
	方向控制阀	DSG-01-3C4-D24-N-7090
	流量控制阀	MSW-01-Y-50
	平衡阀	SNSA-B-6-SN2-03
	方向控制阀	DSG-01-3C2-D24-N-70
	流量控制阀	SRDB-ABZ-6
推车机气动阀组	截止阀	LV6BAB
	电磁阀	H22WXBBL49D
	流量控制阀	PS4142CP
	气动三联件	P33CA16GEMNGLNW

表1-8　装卸站液压系统备件汇总

名　称	型　号
主油泵电机	MQC-62WC-S 40HP
油泵柱塞泵	PVWJ098A1UVLSAYP1NNSN
循环泵电机	MQC-22WC-S 2.2kW
循环齿轮泵	AP300/53 D280
水调节阀	65127
单向阀	RV207S/HF781
单向阀	RV2065S
安全阀	RVPS-12-N-S-12TS-30
热交换器（水）	HEX S610-30-00/G1
滤芯	UE319AN13Z
过滤器	UT319A24AN13Z5SBG0
小车升降油缸	6.00 CSB2HLTS27AC 17.750
托盘倾翻器油缸	5.00 CSB2HLTS27AC 37.625
导杆扶正器油缸	3.25 CTC2HLTS24AC 11.750
近端扶正架油缸	5.00 CTC2HLTS33AC 19.750
远端扶正架油缸	5.0 CTC2HLTS33AC 7.000

2 电解质清理机

2.1 电解质清理机的介绍

电解质清理是阳极组装车间的一道重要工序，电解质清理机主要完成对残极表面覆盖电解质的清理，最终实现电解质与残极的完全分离。电解质清理机主要通过液压破碎锤预破碎、切割刀二次清理、高速甩链再清理和末端高压风喷吹来实现对残极表面电解质的清理功能。设备采用加拿大奥图泰公司产品，其中采用液压破碎锤进行预破碎为行业首创，给行业内解决电解质在线清理提供了一种很好的思路。目前设备性能稳定，基本满足了在线清理电解质的工艺和生产要求。电解质清理机虽然构成复杂、部件多，但其自动化程度较高，运行模式主要以全自动为主。图 2-1 所示为电解质清理机结构示意图。

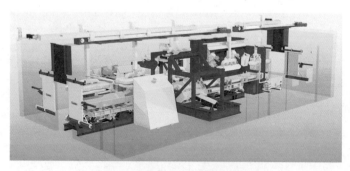

图 2-1　电解质清理机结构示意图

2.2　电解质清理机的设备组成

电解质清理机主要由预破碎站（液压破碎锤）、切割刀、甩链站、吹扫站、入（出）端门、入（出）端推车机、液压系统、配电系统及清理皮带等组成。

破碎锤为瑞典进口产品，性能优良，破碎效果较好。整套设备采用模块化设计、整体式布局，设备系统性较强，通过分站式处理，解决了电解质清理较难的行业问题。

2.3 电解质清理机常见的故障诊断与维修

2.3.1 液压系统常见的故障诊断与维修

电解质清理机液压站经常出现自动停机故障，导致这种故障的原因有液压油温度过高、回油管过滤器过脏、循环过滤器过脏、油位过低、电气故障等。

2.3.1.1 油温过高

液压油温度的控制在液压系统运行中是至关重要的。液压元件中油管接头都用到橡胶的 O 型密封圈，若温度过高，将会导致密封圈塑化或破损，失去密封效果，最终出现漏油。生产过程中若出现油温过高，可根据表 2-1 逐个排查，找到根源进行处理。

表 2-1 液压油油温过高的原因及处理办法

序号	故障原因	处理措施
1	循环泵失效	更换或修复循环泵
2	循环水进水温度过高	与水泵房工作人员联系降低
3	循环水管堵塞，水流量过小	拆卸水管进行疏通
4	温度传感器失效	更换传感器
5	散热铜板过脏，影响散热速度	清洗水垢或更换散热铜板
6	油量较少	添加油品

2.3.1.2 过滤器过脏

清理机液压站有三个过滤器，两个为回油管过滤器，一个为循环管过滤器。过滤器的作用顾名思义就是将液压油中的杂质清除，有利于延长动力元件、执行元件和控制元件的使用寿命。由于设备运行环境较恶劣，过滤器如果不能经常清洗和更换，就会导致过滤器过脏报警。若出现过滤器过脏故障，应及时更换过滤器。为了减少过滤器过脏故障，应定期更换或清洗过滤器，并按设备运行要求定期更换油品。过滤器相对应的压力检测表失效也可能出现过滤器过脏报警，应更换压力检测表（出现故障的概率较小）。

2.3.1.3　油位过低

相较于其他设备，电解质清理机的液压站是最大的，其油箱容量也是最大的，因为破碎锤和破碎刀都需要较大的流量来完成。如果油量较少，会导致油温过高，还会使执行元件虚空无力，失去破碎效果。出现油位过低的原因就是设备漏油，其处理措施为及时处理漏油点，并补加油品。

2.3.1.4　电气故障

液压站出现电气故障，常见的有控制开关故障、急停开关失效、保险烧坏等。其中控制开关接线柱松动、线路接触不良，会导致控制系统断电，液压站自动停机，需定期检查紧固接线柱。控制开关接地会出现跳闸现象，也会导致控制系统断电液压站自动停机，需要经常检查线路的绝缘性，出现裸露电线及时包扎或更换。电解质清理机有6个急停开关，只要有一个发生故障，就会导致清理机整体停机，如果出现由急停引起的停机故障，及时更换急停开关。控制柜中，液压站对应的保险烧损，会导致液压站自动停机，且无法启动。如果出现此种故障，打开控制柜，找到相应的保险（烧损的保险此时会报警，显示红灯），更换即可。

2.3.1.5　油泵和油泵电机故障

油泵是液压系统的动力元件，电解质清理机有5台液压泵，4台为主油泵，1台为循环泵，油泵由电机带动。如果电机在运行时出现异音，初步判断为前轴承或后轴承可能损坏，但并不严重，出现这种情况时要及时更换前后轴承。如果出现电机过载，判断为电机轴承严重损坏，此时就要将电机进行保养维修。为了生产能顺利进行，每台电机至少一年保养一次，每个月润滑一次。

电解质清理机的主油泵为柱塞泵，其型号为A3H180-FR01KK-10954。油泵一般发生故障都会发出异音，有声音就可以判断泵中柱塞损坏，通常为断裂。产生这种情况的原因有：一是活塞支架与活塞杆连接严重磨损；二是活塞杆与缸体产生很大的摩擦力，导致将活塞支架拉断，出现此种情况应及时更换相应的配件。注意：安装时一定要牢记安装顺序，如果出现螺栓无法紧固到位，千万不能强制紧固，只能将螺栓松开，侧盖打开，调整支架使其保持稳定平衡，再将螺栓紧固。若不能及时处理这种故障，支架碎片进入泵腔内，可能会损坏其他零件，或顺着液压油进入其他油泵和阀体，将其损坏，造成更大的损失。

2.3.1.6　主油泵的调节方法

根据柱塞油泵A3H180-FR01KK-10954（见图2-2）的使用说明，首先调节流量调节旋钮使其螺纹漏出长度为25mm，并紧固对帽使流量调节旋钮稳定；其次调节溢流阀调节旋钮，使压力表指针稍微摇摆，继续调节旋钮，使安全阀的压力达到2100psi（14.47MPa），紧固旋钮对帽使其稳定；最后调节主油泵压力调节旋钮，使主油泵的输出压力为1800psi（12.41MPa），紧固对帽使其稳定。

注：压力调节后，不允许主油泵的输出压力大于溢流阀的安全压力。原因是主油泵输出压力长时间大于溢流阀的安全压力，会急速缩短溢流阀的使用寿命。

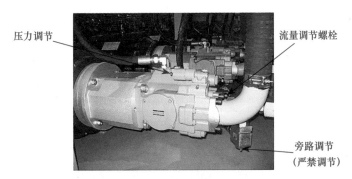

压力调节　　　　　　　　　　　　　流量调节螺栓

旁路调节
（严禁调节）

图2-2　柱塞油泵

2.3.2 推车机常见的故障诊断与维修

2.3.2.1 推车机的介绍

电解质清理机的推车机有入端推车机和出端推车机两种，它们的功能一样，都是将脱离了悬链带动的残极推到所需位置。

图 2-3 所示为入端推车机的工作过程。出端推车机则是将出端位的残极推送到下游。推车机由驱动电机减速机、变频器、激光传感器、驱（从）动齿轮、驱动链、车架、气缸、推臂等部件组成。

前置位　入端位　振动锤位　预破碎位　甩链仓

图 2-3　推车机工作流程图

2.3.2.2 推车机的故障与维修

推车机的运行很简单，但经常发生自动停车故障，表 2-2 为推车机的自动停车故障及处理方法。

表 2-2　推车机的自动停车故障及处理方法

序号	故障原因	处理措施
1	推臂卡阻	寻找并处理卡阻点
2	复合轴承破损	更换符合轴承型号 CF4-108（27 扳手），焊接固定时小轮轴向与底座长边保持垂直
3	复合轴承灵活度减低	拆卸清洗，安装时加油润滑
4	驱动链脱轨	卸松链条重装并紧固链条
5	变频器过载	处理受卡点重新启动控制面板
6	电机、变频器烧损	更换电机、变频器
7	模块烧损失灵（保险烧损）	更换模块（保险）

　　推车机在启动单次循环时是有条件的，入端推车机启动单次循环的条件为：推车机回退到位，推臂收回到位，振动锤回退到位，振动锤在1号、2号或3号位，导杆抱夹收回到位，钢爪抱夹收回到位，破碎刀完全落下或中间位置，气垫下降到位，导杆夹具收回到位，停止器关闭。如果不能启动入端单次循环，就要以此查看条件是否满足；如果条件已满足，仍不能启动单次循环，可根据表2-2的分析进行排查处理。推车机推臂伸出前进时还必须满足对应的门要打开，停止器要打开。推车机回退时满足相应的门关闭方可回退。

　　推车机推臂的伸出和收回是由气缸带动的，气缸在使用过程中最常见的故障表现为漏气，气缸的连接处都有橡胶密封圈。橡胶密封圈失效的原因有连接处松动、密封圈断裂或破损、在温度较低的环境中硬化。当气缸出现漏气时，找到漏气点更换相应位置的密封。

　　气缸是由电磁阀控制的，控制推臂的电磁阀为换向阀。电磁阀的工作原理是电流流过线圈产生磁场，通过吸附阀芯活塞铁芯来控制气路。图2-4所示为推车机推臂所用的电磁阀（型号：22WXBBL49D）。活塞的灵活度与气密性是电磁阀控制能力的重要表现。根据实际运行情况来看，线圈故障还不到5%，而活塞受阻产生的故障率占气阀故障的95%以上。车间使用的压缩空气，压缩空气中携带一定的水分，水分随气流进入铁质管道使其生锈，锈粉随气流进入阀腔并附着在腔壁上，阻止了活塞的运动；冬季气温较低时，水分进入阀腔，造成活塞与阀体冻结而使电磁阀失控。所以消除水分是延长电磁阀使用寿命

图 2-4　电磁阀

的重要措施；定期对电磁阀阀芯进行清洗润滑，也可以降低电磁阀的失控率；若判断为线圈失效，则更换线圈即可。判断线圈的方法是断开电源，手动按下阀体按钮，观察气缸是否动作，若气缸动作，闭合电源，输出正常，说明电磁阀线圈不得电，如果线路完好则电磁线圈失效。如果像推车机一样输出模块、保险烧断、电路等问题，则需更换模块、保险、电线来处理。

2.3.3 入（出）端门常见的故障诊断与维修

入（出）端门在电解质清理机整个设备中起密封作用。众所周知，电解质清理机在运行过程中会产生大量的粉尘，入（出）端门作用是阻止粉尘外溢，防止粉尘污染车间环境及对车间其他设备造成不良影响。入端门和出端门的结构完全相同。图 2-5 所示为入端门，它是通过气缸带动门，在固定的轨道内滑行来完成打开与关闭，滑行靠滚轮轴承实现。门的打开与关闭是否到位，可以从控制面板中直接反映出来。

图 2-5　入端门

一般端门出现的机械故障为：门前后高低不平，造成滚轮脱轨卡涩，致使门不能关闭打开；气缸与门连接处关节脱落，门失去动力而无法打开关闭；气缸活塞受阻或卡涩。

相应的处理措施为：通过调整上轨道拉丝使前后保持水平，并紧固拉杆，防止松动再次失稳；经常检查并紧固连接处调节螺母（见图 2-5）；调整活塞的运动轨迹使其与滚轮轨道相平行。电气故障同推车机一样。

2.3.4 破碎锤常见的故障诊断与维修

2.3.4.1 破碎锤的介绍

相比于 2012~2018 年东兴铝业嘉峪关分公司阳极组装一期工程的电解质清理机，阳极组装二期工程的电解质清理机多了一道工序，就是使用液压破碎锤清理电解质。有了液压破碎锤清理残极这道工序，电解质清理机的效率提高了 300% 左右。图 2-6（a）所示为破碎锤的原装机体图。

从图中可以看出有两台液压破碎锤（红色设备）。奥图泰公司设计两台破碎锤的前后移动是独立的，1 号锤的前进后退不会影响到 2 号锤。由于生产的需要，2017 年对两台破碎锤底座做了改造，将两台底座连在了一起，使两台破碎锤同步前进后退。两台破碎锤完成残极钢爪三孔的电解质破碎，破碎锤是液压动力装置。为了降低成本，2018 年 4月对破碎锤进行了改造，进口破碎锤改换为国产锤，如图 2-6（b）所示。

 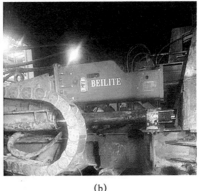

(a)　　　　　　　　　　　　　　　　(b)

图 2-6　液压破碎锤

2.3.4.2 破碎锤的常见故障与维修

液压破碎锤在使用中因环境、操作、部件等因素的影响会出现冲击连续性差、冲击力下降、冲击频率不足、油管振动异常、液压破碎锤漏油等故障，这些故障会影响液压破碎锤性能与效率，增加破碎操作安全隐患。

A　破碎锤使用短期内发生的钎杆断裂

检查分析：运行时钎杆受 $F_外$ 的作用，A 点产生巨大的力矩（$M_弯$）。钎杆的 B 点受拉，A 点受压（见图 2-7）。钎杆受到强大的外力 $F_外$ 的作用，在 B 点产生一些微裂纹源，并在应力作用下不断扩展。当该处承受力超过材料的抗拉强度极限时，导致钎杆瞬间完全断裂。根据钎杆的断面，很清楚地看到断裂的起始点为 B 点，如图 2-7（a）所示，其周围有明显的金属拉裂纹。A 点区域的条沟是材料受压损坏的典型反映。

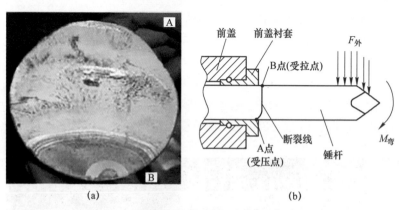

图 2-7　钎杆断裂实物（a）及受力分析（b）图

B　钎杆短期内（与衬套）的异常磨损

钎杆短期内（与衬套）的异常磨损如图 2-8 所示。

图 2-8　钎杆短期内异常磨损

液压破碎锤工作时，钎杆与衬套的摩擦会产生很大的热量。热量能引起钎杆与衬套的过早磨损和部件的损坏。所以连续工作 2h 应加注黄油，使其形成油膜来防止干摩擦延长钎杆及其衬套的使用寿命。

C　钎杆挡销短期内发生的断裂

根据钎杆及断裂的钎杆挡销进行仔细分析，钎杆与挡销接触的上部磨损异常，如图 2-9 所示，而下部却几乎没有磨损。挡销断裂，这都是说明在破碎工作中最后的打击对象在碎裂后未及时停止，钎杆多次打击在钎杆挡销上造成。

图 2-9　钎杆与挡销接触的上部异常磨损

D　破碎锤停止打击

解体检查锤体完好，检查换向阀，发现其滑动阀塞较易卡住。拆下换向阀阀芯后发现阀体上已有多处拉伤痕迹，造成换向阀在工作中的卡死，无法正常换向，造成破碎锤停止工作。

主要原因：经过对破碎锤内部残存的液压油观察，发现液压油油质较差。检查破碎锤管路中流出的液压油存在同样的问题。另外，检查发现破碎锤管路滤油器很少更换滤芯，液压站也未按规定的要求定期更换液压油，造成液压油劣化后直接对破碎锤的换向阀造成不良影响。

破碎锤停止打击的其他原因有：衬套更换不当。破碎锤在更换衬套后，发生停止工作的故障，压下不打击，稍提起后有打击动作。由于更换衬套后，使活塞位置更靠上，造成缸体内一些小的换向阀控制油路在起始位置就已经关闭，换向阀停止工作造成破碎锤停止工作。破碎锤在打击过程中逐渐无力，最后停止打击。测量氮气压力，发现压力过高，释放后，能打击，不久又停止打击，测量后压力又变高。在解体后发现上缸体内充满液压油，活塞无法向后压缩，造成破碎锤无法工作。在检查过程中发现换向阀中变形的零部件卡死换向阀。除了以上原因外，控制阀阀片卡死，或者阀片上的 O 型圈从槽里出来，也造成破碎锤不打击。

氮气压力过高或过低也会出现破碎锤无力或不打击，需定期检查氮气压力。氮气压力范围为 1.2~1.5MPa（氮气室）；5~5.5MPa（蓄能器）。

E　破碎锤打击无力

破碎锤打击无力，现场观察软管抖动剧烈。检测破碎锤的蓄能器压力，发现蓄能器无压力，且有液压油渗出，判断蓄能器已损坏。拆下蓄能器，取出破裂的皮腕，清洗干燥蓄能器壳体后安装新的皮腕，充装氮气安装使用（见图 2-10）。

图 2-10　蓄能器

F　活塞处漏油

破碎锤在使用过程中发生下缸体大量泄漏液压油，且浑浊，判断密封组件已损坏。解体检查发现在内衬套和活塞之间混有大量黄油和液压油的混合物，包括活塞头部也沾染了大量的污物，如图2-11所示。

(a)   (b)   (c)

图2-11　活塞头部锈蚀

正确加注方法：注入油脂时破碎锤压紧钎杆，即钎杆贴紧活塞时加注，并适量加注，钎杆部有湿润黄油形成即可。破碎锤在存放一段时间后再使用发生下缸体泄漏液压油，查看后发现有液压油泄漏，且破碎锤壳体锈蚀较严重（见图2-11（b）），可能是由于存放中的防潮工作未做好而造成。解体检查后发现活塞头部有一段水锈的痕迹（见图2-11（c）），而正是因为这段锈迹直接造成了活塞密封组件的拉伤损伤并失效，引起了液压油的泄漏。

正确储存方式：长期存放，氮气室的气体必须放掉，使得活塞回退到缸体。

G　活塞前端破损

破碎锤在使用过程中发生下缸体内掉落金属碎片。对破碎锤解体检查发现，活塞前端的打击面已破损，如图2-12所示，且使用的钎杆没有损坏。钎杆硬度高于活塞杆的硬度，直接损坏了活塞。钎杆本身是损耗件，使用寿命要低于活塞，所以对其硬度需严格控制与掌握。过软寿命过短，过硬损伤活塞，所以破碎锤严禁使用非纯正钎杆。此类将活塞头部用磨光机修正平整后，在一定极限尺寸还可使用，如修理后因此而停止工作的需更换活塞。

图 2-12　活塞前端的打击面破损

H　由内外套引起的振动异常

阳极组装电解质清理机使用的振动锤与挖掘机破碎锤最大的区别在于破碎锤的运行方向不同，挖掘机为竖直方向，而电解质清理机为水平方向（生产的需要）。

电解质清理机破碎锤由于钎杆的自身重力及外力的作用，经过长时间的运行锤套严重磨损，钎杆与锤套产生间隙而偏离水平位置，当间隙过大，在较大的外力作用下，钎杆与锤套产生较大的摩擦，出现钎杆自锁现象。破碎锤的自锁现象表现为打击无力或不振动。出现自锁现象是由于钎杆和锤套相对静止，钎杆无法施加压力给活塞杆，导致活塞无法撞击钎杆完成破碎。通过受力分析产生自锁的条件有外力过大、外套磨损严重、外套和钎杆之间摩擦系数增大、钎杆偏离水平位置的角度增大。

$$X = \frac{8\mu FL\cos\theta + \mu\rho gd^2\pi L^2}{4F\sin\theta + 4\mu F\cos\theta + \mu\rho gd^2 L\pi}$$

式中，F 为作用在钎杆表面的作用力；L 为钎杆的长度；θ 为 F 与钎杆轴向夹角；d 为钎杆的直径；μ 为钎杆与锤内套间的摩擦系数；ρ 为钎杆的密度；X 为 A 点到钎杆末端的长度。

由于振动锤本身、设备安装尺寸的限定和电解质形状的不确定性，只有靠改变 A 点的位置来尽可能减少振动锤的故障率，A 点前移，即加长锤套，有利于消除自锁，如图 2-13 和图 2-14 所示。

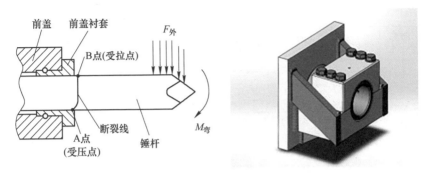

图 2-13　振动锤改进示意图

图 2-14　振动锤安装位置实物图

2.3.5　液压缸常见的故障诊断与维修

　　电解质清理机破碎锤的后坐力是靠液压缸来提供的。液压缸将液体的压力能转化为机械能，用于驱动工作机构做往复直线运动。液压缸故障及处理方法见表 2-3。

表2-3　电解质清理机破碎锤液压缸的故障及处理方法

故障现象		原因分析	消除方法
活塞杆不能运动	压力不足	油液未进入液压缸： （1）换向阀未换向； （2）系统未供油	检查换向阀未换向的原因并排除检查液压泵和主要液压阀的故障原因并排除
		虽然有油，但没有压力： （1）系统有故障，主要是泵或溢流阀有故障； （2）内部泄漏严重，活塞与活塞杆脱落，密封件损坏严重	检查泵或溢流阀的故障原因并排除紧固活塞与活塞杆并更换密封件
		压力达不到规定值： （1）密封件老化、失效、密封圈唇口装反或有破损； （2）活塞环损坏； （3）系统调定压力过低； （4）压力调节阀有故障； （5）通过调速阀的流量过小，液压缸内泄漏量增大时，流量不足，造成压力不足	更换密封件并正确安装，更换活塞环重新调整压力到要求值，检查原因并排除调速阀的流量必须大于液压缸内泄露量
速度达不到规定值	内泄露严重	密封件破损严重	更换密封件
		油品黏度太低	更换适宜的油品
		油温过高	检查原因并排除
	外载荷过大	破碎锤支架移动筒与轨道支撑轴产生很大摩擦，耐磨套严重磨损	更换耐磨套、压盖及刮垢环，经常加油润滑
泄露		液压缸装配时，端盖装偏，活塞杆和缸筒不同心，使活塞杆伸缩困难，加速密封件磨损，密封件安装差错，密封件划伤，切断，密封唇装反，唇口破损，轴倒角尺寸不对，密封件装错或漏装压盖未装好，拉杆螺栓受力不均，造成端部漏油，油管接头O型圈破损	拆开检查，重新装配，更换密封件，对角紧固，保持对正更换接头O型圈
		导向套密封组件严重磨损，导向套退出，与压盖密封件分离，导向套划伤或变形，油管磨损或压力过大涨破	更换O型密封圈或导向套，调节导向套，更换油管并调节管道压力

2.3.6 抱夹常见的故障诊断与维修

振动锤破碎工位有导杆抱夹与钢爪抱夹两种，在此工位抱夹是一种定位装置，其作用是定位和固定残极，避免了残极摆动而导致振动锤钎杆撞击在钢爪上。抱夹的运作提高了清极的效率，也延长了振动锤钎杆的使用寿命。

2.3.6.1 导杆抱夹常见故障与处理方法

导杆抱夹常见故障与处理方法见表 2-4。

表 2-4　导杆抱夹常见的故障与处理方法

故障类型	故障描述	处理方法
机械故障	地脚螺栓松动或脱落	紧固或安装地脚螺栓
	与气缸连接耳环脱落或断裂	安装或更换连接耳环
	限位螺杆过长或过短 （过长时会阻碍残极的通行，过短会 产生气缸自锁，无法伸出抱夹）	调整限位螺杆长度
	抱夹旋转轴灵度降低	定期加油润滑，更换内部铜套
电气故障	控制电磁气阀故障	同推车机气阀处理一样
	气压不足	调整气压
	气管破损	更换气管
	限位开关失效或破损	调整开关距离或更换开关

2.3.6.2 钢爪抱夹常见故障与处理方法

钢爪抱夹常见故障与处理方法见表 2-5。

表 2-5　钢爪抱夹常见的故障与处理方法

故障类型	故障描述	处理方法
机械故障	地脚螺栓松动或缺失	紧固和安装地脚螺栓
	与气缸连接耳环脱落或断裂	安装或更换连接耳环
	抱夹弯曲变形或断裂	校正或更换抱夹
	抱夹轴销严重磨损	更换轴销
	抱夹旋转轴灵度减低	定期加油润滑或更换内部铜套

续表 2-5

故障类型	故障描述	处理方法
电气故障	控制电磁气阀故障	同推车机气阀处理一样
	气压不足	调整气压
	气管破损	更换气管
	限位开关失效或破损	调整开关距离或更换开关

2.3.7 预破站常见的故障诊断与维修

预破站由破碎刀、导杆夹具、气垫三部分构成。预破站的作用是将振动锤清理过的残极进一步清理。破碎刀清理也是电解质清理必不可少的一道工序，它的完成与否直接影响残极回收的难易程度。破碎刀具在油缸的作用下，以定位销轴为旋转轴上下做往复运动，其运动极限由限位开关来控制。

2.3.7.1 破碎刀常见的故障与维修

A 油管泄露

破碎刀由液压作为动力，其执行元件为液压缸，设备在运行过程中，液体压力很大，会使液压管道发生振动，很容易造成管道接头松动或挤伤密封，导致液压油泄露。破碎刀除与液压缸连接的管道为软管，其余都是钢制硬管道，硬管道必须使用油管卡具固定，其中使用的油管卡具为 $d=32mm$。周期对接头检查紧固。

B 破碎刀的油缸故障

油缸故障及处理方法同破碎锤液压缸的故障及处理方法。

C 破碎刀的机械故障

（1）故障描述：破碎刀刀具与刀架使用螺栓连接，设备生产运行时，刀具受到电解质的支撑作用，对螺栓有切应力和拉应力，致使螺栓变长或切断。

处理方法：使用高强度螺栓并定期检查紧固。

（2）故障描述：破碎刀运行时以定位轴为圆心旋转，刀架与轴座存在间隙，生产过程中刀具与导杆爪头相互作用，或在间隙中进入较硬的电解质，导致刀架沿着旋转轴轴向窜动，经常出现限位开关失效和开关撞破，甚至会拉断轴端盖的固定螺栓。

处理方法：端盖螺栓紧固是破碎刀正常运行的重要保障，为此要定期检查和更换紧固端盖螺栓。

（3）故障描述：破碎刀运行时，出现左侧和右侧刀具上升、下降速度不同，导致清理过的残极导杆发生弯曲。

处理方法：调节控制阀组中的流量阀（注意：通过调节排出液压油的速度来控制）。例如，上升过快，需调节下降按钮下方的旋钮。

（4）故障描述：阀组泄压。破碎刀完成一次循环后，会停在中间位置，启动下一次循环时发现破碎刀不在中间位置，循环不能启动，检查所有油管完好，说明阀组有泄露。

处理方法：更换阀组。

（5）故障描述：缓冲弹簧掉落。弹簧掉落后，破碎刀完全落下会冲撞大梁，可能造成大梁断裂。

处理方法：更换安装强度较高的弹簧。

2.3.7.2　导杆夹具常见的故障与维修

导杆夹是由执行油缸、控制阀组、出端夹具、入端夹具、油管组成。

A　油缸油管故障

与破碎锤油缸、破碎刀油管维修方法类同。

B　夹具机械故障

故障描述：夹具伸出后向下倾斜，导致导杆抱斜或抱不紧，限位开关未感应，夹具反复动作等故障。出现这种故障的原因是，夹具耐磨铜垫铜套磨损严重或定位销轴磨损严重，间隙过大，夹具晃动幅度较大所致。

处理方法：更换耐磨铜垫、铜套或定位销轴。

2.3.7.3　气垫常见的故障与维修

气垫由气囊、阀组、气罐、拉杆、气管等组成，气垫配合导杆夹具、破碎刀完成任务。气囊是一种精心设计的橡胶波纹管。相比于气缸，气囊的特点结构简单、压力较大，适合在行程较短的环境中应用。气垫一般故障表现为气阀故障，定期清洗润滑阀芯即可。

2.3.8 振动给料机常见的故障诊断与维修

振动给料机主要的作用是将有较大炭块的破碎料输送到出端手捡皮带上。振动给料机由槽、振动电机及弹簧组成。

2.3.8.1 振动给料机常见的故障与处理方法

振动给料机常见的故障与处理方法见表2-6。

表 2-6 振动给料机常见的故障与处理方法

故障描述	原因分析	处理方法
电机不运转	检查电源不能送电正常，线路及相关配件损坏	更换电源线及相关配件
	测量电机线路不正常，电机烧坏	更换电机
	电机轴承损坏，卡死转子	更换电机，维修保养坏电机
振动幅度不正常	电机偏心块紧固螺栓松动，偏离所需位置	上下偏心块对正，先紧固内侧偏心块，调整外侧偏心块位置后紧固
运行声音异常	螺栓松动（电机底座，溜槽弹簧连接）	紧固或更换螺栓

2.3.8.2 日常检查及保养

日常检查及保养见表2-7。

表 2-7 振动给料机的日常检查及保养

项 目	周 期
连接螺栓	每天
电机润滑	一周
偏心块振幅	每天
所有焊接处	每天

2.3.9 甩链常见的故障诊断与维修

甩链的作用是将破碎后附着于残极表面的电解质碎块清理。甩链由电机减速机、旋转链条盘及链条组成。

甩链常见的故障及处理方法见表 2-8。

表 2-8 甩链常见的故障及处理方法

故障描述		原因分析	处理方法
电机故障		检查电源不能正常送电	更换电源线及相关配件
		测量电机三相不正常	更换电机
机械故障	电机不转	减速机轴承损坏	更换电机减速机
		链条盘轴承损坏	更换轴承
		链条过长卡死链条盘	安装长度合适的链条
	电机正常	链条严重磨损掉落	定期更换链条

注：使用的链条有长有短，中间部位使用 15 环，上部为 13、12 环，下部为 12 环，根部两列无需装链条。

2.4 电解质清理机的备品备件明细

电解质清理机的备品备件见表 2-9 ~ 表 2-12。

表 2-9 电解质清理机的各机构轴承汇总

使用部位	型　号
振动锤前后移动油缸关节轴承	GEZ34ES
预破碎插刀油缸关节轴承	GIHNK 100 LO
预破碎导杆抱夹油缸关节轴承	GIHNK 40 LO
预破碎导杆抱夹油缸尾部轴承	GINK 40

使用部位	型　号
甩链电机内轴承	33024 和 32026
入／出端门气缸轴承座内轴承	GEEM60ES-2RS
推车机气缸关节轴承	SPHERICAL ROD EYE PARKEP 132291 0.75 in PIN-3/4-16 LINF THERADS
推车机移动复合轴承	WINKEL 4.061 AP4
推车机链条驱动齿轮法兰轴承	SKF FYRP 2.3/16
推车机抱夹连杆端杆轴承	SEALMASTER SBG-12

表 2-10　电解质清理机的各机构液压阀和气动阀汇总

使用部位	分　类	型　号
破碎锤液压阀组	球阀	BBV21120001MLD
	单向阀	RV207S
	平衡阀	SNSA-A-10-SM1-03
	流量控制阀	MSW-03-Y-40
	方向控制阀	DSG-03-3C2-D24-N-5090
导杆夹具液压阀组	球阀	FBV21200001MLD
	单向阀	RV257S
	多功能阀	DSLHG-06-3-T-D24-N-1390
	平衡阀	CBIA-LHN
预破碎站液压阀组	球阀	BBV21160001MLD
	单向阀	RV257S

使用部位	分 类	型 号
预破碎站液压阀组	减压阀	PPHB-LAN-BKJ/S
	方向控制阀	DSHG-04-2B2B-T-D24-N-5290
	流量控制阀	MSW-03-Y-40
	堆叠式单向阀	MPW-03-2-209
	方向控制阀	DSG-03-3C4-D24-N-5090
入端出端门气动阀组	电磁阀	H15WXBBL49D
气垫气动阀组	电磁阀	B7V8BB549A
	单向阀	VB42-Q-NQ-5
推车机气动阀组	截止阀	LV4B6B
	气动三联件	P33LA14LSNN
	电磁阀	H22WXBBL49D
	流量控制阀	PS4142CP

表 2-11　电解质清理机的液压站备件汇总

名 称	型 号
主油泵电机	MQP-77C-S 75HP
油泵柱塞泵	A3H180-FR01KK-10954
循环泵电机	MQC-37WC-S 10HP
循环齿轮泵	VT6E-062-2-R-00-B1
水调节阀	65255
单向阀	CVH1351250S
排油阀	2BVL2016F
蝶阀	STL223221

名　称	型　号
热交换器（水）	HEXS522-50-00/G1-1/2"
滤芯	UE319AN20Z
安全阀	RAH201S30-20T
单向阀	RV257S

表 2-12　电解质清理机的气缸油缸备件汇总

名　称	型　号
出入端门气缸	2.50 CJ-2ARS33AC 24.000
振动锤钢爪抱夹气缸	4.00 CSB2ALR37AC 12.000
振动锤前后油缸	4.00 CSB2HLTS27AC 44.00
振动锤左右油缸	4.00 CSB2HLTS27AC 29.00
预破碎插刀油缸	7.00 CTC3HLTS23MC 43.00
预破碎抱夹油缸	3.25 CTC2HLTS33MC 11.81
推车机入端抱夹气缸	5.00 CSB2ARVS57AC 10.000
推车机出端抱夹气缸	4.00 CSB2ARVS57AC 10.375

3 残极（钢爪）抛丸机

3.1 抛丸机的介绍

在阳极组装车间普遍有残极抛丸和钢爪抛丸两道工序，抛丸清理实质是一种表面处理工艺。残极抛丸机主要处理附着于残极表面及局部钢爪表面的电解质、铁锈等杂物；钢爪抛丸机主要处理附着于钢爪表面的电解质、铁锈等杂物。残极抛丸机的处理效果直接影响到回收残极炭块的质量，钢爪抛丸机的处理效果直接影响到钢爪蘸石墨效果和阳极浇铸质量。抛丸机的工作原理为：高速旋转的电机带动涡轮，将钢丸高速抛射出，撞击残极炭块及钢爪表面，进而使杂物与残极炭块和钢爪分离，经过收集的杂物和钢丸的混合物经过筛分程序，筛选分离后颗粒较大的钢丸继续循环利用，杂物则通过排料口排除。目前作业区 4 套抛丸机运行平稳、清理效果良好，经过抛丸清理的残极完全满足炭素行业直接回收使用的质量要求，图 3-1 所示为残极抛丸机外观。

图 3-1　残极抛丸机

3.2 抛丸机的设备组成

抛丸机主要由抛丸仓、气动门、螺旋输送机、斗式提升机、分离鼓、钢丸分离系统、涡轮组件、钢丸添加料斗、推车机、旋转器等部件组成。其中涡轮组件的使用维护要求极高，操作与维护水平的高低将直接决定涡轮组件是否正常运行，进而影响抛丸效果，涡轮组件的核心部件为叶片。钢丸分离系统的正常使用也是影响抛丸效果的另一主要因素。抛丸机因内部大量钢丸高频次喷射，对设备整体密封性能要求较高。残极抛丸机由于残极清理面积大，使用涡轮数高于钢爪抛丸机。

3.3 抛丸机常见的故障诊断与维修

3.3.1 气动门常见的故障诊断与维修

气动门顾名思义就是利用气压来完成机械动作。抛丸机的气动门有左侧门、右侧门、上端门、中间门（残极抛丸机），每一扇门都有与之相应的气缸连接。气动门常见的故障及维修见表3-1。

表 3-1 气动门常见的故障及维修

故障描述		判断分析	处理措施
钢丸飞射出仓外		舱门密封条掉落或破损	更换粘接密封条
喷吹时仓门处喷灰尘		除尘系统故障	见除尘系统的维修
仓门动作迟钝或不动作	电气故障	控制柜没有输出，保险烧坏、输出模块失效	更换保险或模块
		控制阀线圈接头损坏	更换安装线圈接头
	机械故障	气缸压力调节不当，气压不足	调节气压
		控制阀卡阻	更换或清理维修阀腔
		气缸与连接杆角度不当造成自锁	调整连杆长度或增加制动垫
		连杆关节处轴承破碎	更换轴承
		连杆关节处异响	需加油润滑

3.3.2　涡轮组件常见的故障诊断与维修

涡轮是抛丸机的核心，涡轮产生故障使残极（钢爪）清理效果大幅度降低。残极表面清理不干净，残极炭块经残极输送皮带输送到下游炭素车间后将检测质量不达标，最终导致残极皮带和残极压脱机停机。所以涡轮组件的维修和调试是抛丸机维修的核心技术，也是维护工必须掌握的技术。

图 3-2 所示为抛丸机涡轮组件的组装图，其结构复杂，设计精密。抛丸机在运行过程中，钢丸在涡轮腔内流动，与部分零件发生摩擦，导致零部件磨损而失去作用。所以提高零部件材料的耐磨性有利于提高涡轮的使用寿命。其中磨损较快的零件有叶片、叶轮、控制笼、防护垫板、进料喇叭嘴、锁板、锁板螺栓等。叶片在运行旋转过程中，气流经过叶片表面形成涡流产生异响，这是判断叶片损坏的一个快捷方法。这些易磨损件是由合金钢铸造而成。

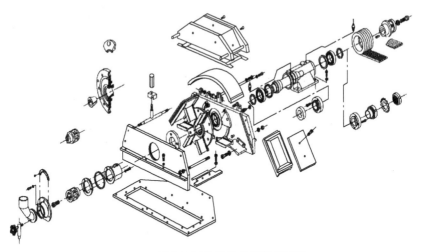

图 3-2　抛丸机涡轮组件的组装示意图

控制笼的角度直接影响钢丸抛出的范围，由于叶轮和叶片的安装位置是固定的，角度调整不当，钢丸喷射的角度就会出现差异，可能会出现两种情况：一是喷射的范围较大，超出叶片接收的面积，钢丸撞击在涡轮耐磨腔壁，造成腔壁快速磨损；二是喷射的范围较小，集中喷射在叶片接收面的小范围，造成叶片快速磨损甚至击碎。图 3-3 所示为受磨损的叶轮及叶片，较为严重时可能造成涡轮外壳击穿。

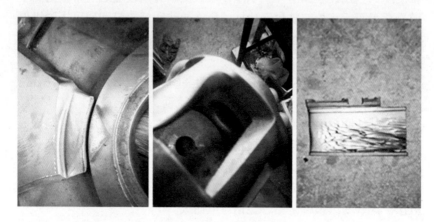

图 3-3　叶轮及叶片

控制笼的调整步骤如下，各调节位置如图 3-4 所示。

（1）确定需要调整的涡轮（残极抛丸机有 4 组，钢爪抛丸机有 3 组）；

（2）锁定涡轮旋转轴；

（3）使用旋钮卸松定位销，旋转或拆下定位销；

（4）拆卸喇叭口；

（5）拆卸控制笼锁定法兰螺栓；

（6）根据刻度盘旋转控制笼至适当的角度；

（7）调整后检查控制笼是否与其他组件摩擦；

（8）检查无误后安装紧固锁定法兰螺栓；

（9）安装锁定喇叭口，喇叭口与下料管要有良好的衔接状态；

（10）松开涡轮旋转轴，手动转动涡轮机组检查控制笼是否与其他零件摩擦；

（11）出现摩擦按照以上步骤进一步调整；

（12）调整时出现备件不合理或损坏必须更换。

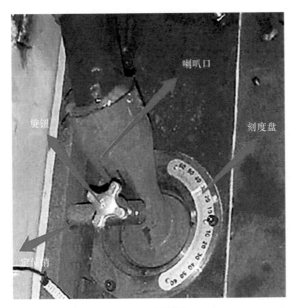

图 3-4 控制笼

涡轮叶片的更换步骤为：

（1）使用 36mm 的扳手卸松涡轮盖夹紧装置，并打开涡轮盖；

（2）卸松旋钮拆除喇叭口；

（3）使用 8/3 内六方卸松叶轮锁紧螺栓；

（4）使用 12mm 的内六方扳手拆卸叶片锁紧板螺栓（间隔拆卸）；

（5）去除所有叶片及锁紧板；

（6）安装新叶片及锁定板螺栓并紧固螺栓（将叶片凹槽与锁定盘凸台啮合，一片锁定板和两片叶片配合安装）；

（7）转动叶轮至锁定位置并紧固锁紧螺栓（如果锁紧垫片与锁紧板不在同一平面可能导致负荷较大，引发电机烧损或皮带断裂）；

（8）手动转动涡轮机组，检查是否有异响或摩擦处，若有需重新组装；

（9）检查无误后安装喇叭口并锁定（需注意与料管的衔接状态）；

（10）检查涡轮盖的密封条（破损的需更换），无误后盖好涡轮盖并锁定。涡轮组件的其他故障见表 3-2。

表 3-2 涡轮组件的其他故障与维修

故障描述	判断分析	处理措施
涡轮轴轴承损坏	轴承润滑不够	更换轴承并定期保质保量润滑
	密封损坏，钢丸或灰尘进入轴承	更换密封
电机皮带有异响	皮带过松，与防护罩碰撞	调节皮带松紧度
涡轮盖处喷钢丸	涡轮盖过松，在接触面产生间隙	紧固夹紧装置
	密封破碎掉落，产生缝隙	更换密封条
外壳垫板严重磨损	控制笼角度调整不当	调整控制笼角度

3.3.3 斗式提升机常见的故障诊断与维修

斗式提升机是一种垂直输送装置，抛丸机的斗提机是抛丸机循环输送系统的一部分，它是将磨料输送倒入分离鼓。斗提机由帆布—橡胶皮带、电机减速机、铸铁料斗、首（尾）轮、外壳等组成。铸铁料斗使用螺栓固定在皮带上。

3.3.3.1 斗提机的调整

首（尾）轮可自动调节中心，在皮带尾轮两侧各有一颗调节螺栓，当皮带跑偏，可使用此螺栓进行调整对正；皮带的张紧由配在斗提机顶部的两根调节杆完成。首先卸松轴承两侧的夹板，然后将两侧的调节螺杆转动相同的长度，直至皮带运行时所需的张紧力，最后紧固好轴承夹板。首尾轮的调节结构如图 3-5 和图 3-6 所示。

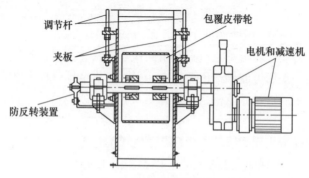

图 3-5 斗提机首轮调节机构

图 3-6　斗提机尾轮调节机构实物

3.3.3.2　斗提机常见的故障及处理方法

故障描述：斗提机皮带停止转动或卡阻。

分析及处理方法：

（1）皮带的张紧过松，在输送磨料过程中与首轮打滑。必须及时调节皮带的张紧力。

（2）清理过程中未将斗提机开启，造成底部集料过多。打开底部漏料口，清理或掏出集料，在掏料过程中禁止使用手。

（3）操作不当，未按操作顺序进行操作，造成磨料堆积于尾轮部位，应及时对操作工培训，清理过程同（2）。

（4）铸铁料斗固定螺栓严重磨损，造成料斗掉落，卡死皮带。打开顶部外壳盖，取出掉落的料斗，并安装外壳盖和料斗，定期更换磨损较严重的螺栓。

（5）集料过多卡阻，或皮带跑偏与外壳严重摩擦卡阻，可能导致皮带拉断，需更换新皮带，并安装料斗。

3.3.4　旋转器常见的故障诊断与维修

旋转器与中断的悬链固定在一起，完成 360° 旋转。当装有残极的小车进入此悬链段，旋转器可带动残极旋转 360°，配合涡轮完成残极全方位清理。旋转器由电机减速机、定位销、停止器、止退器等组成。旋转器的电机为变频电机，通过调节变频旋钮，可以调节旋转器的转速。旋转器常见的故障及处理方法见表3-3。

表 3-3 旋转器常见的故障及处理方法

故障描述	判断分析	处理措施
旋转不到位	定位销限位开关调距较小，易感应	调整限位开关至适当位置
	运行时残极或导杆卡阻，旋转架受卡	调整残极的位置，疏通残极旋转及旋转架旋转空间
	旋转器旋转速度过慢，旋转超时	调节旋转速度
小车掉落	小车到位后止退器未关闭，旋转时滑落	调节止退器转动轴的灵活度
	停止器与止退器之间的距离过小	调整停止器板宽，稍大于小车宽度
小车卡阻	一般为停止器与小车升降爪卡阻	调整停止器斜边的角度，防止升降爪钻入停止器板以下
定位销不动作	系统停气，气压不足	检查气压并调节
	控制气阀堵塞，失去控制作用	更换气阀
	电气的输出问题	查找电气原因，更换元器件
	旋转不到位或卡阻	手动操作，处理卡阻问题

3.3.5 螺旋输送机常见的故障诊断与维修

螺旋输送机是贯穿抛丸机水平方向的输送系统，是将抛丸仓、吹尘仓的钢丸和废料收集输送到斗提机中。图3-7所示为螺旋输送机的整体结构，其结构简单，运行较平稳，几乎很少出现故障。电机减速机带动耐磨叶片螺旋件转动，叶片在转动时将磨料输送至料斗。旋转轴由枕式轴承支撑固定。

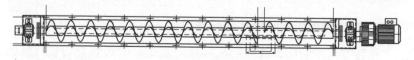

图 3-7 螺旋输送机

螺旋输送机常见的故障及处理方法见表 3-4。

表 3-4 螺旋输送机常见的故障及处理方法

故障描述	原因分析	处理措施
减速机漏油	减速机油箱盖和轴处密封受损	更换相应位置密封
轴承碎裂	缺乏润滑	定期检修，做好保养和记录
	螺栓松动，轴晃动较大	更换轴承，紧固螺栓
卡阻	筛网破损，电解质块较大	修补或更换筛网
	进入铁块杂质等，斗提堵料，料斗集料	及时清理集料

3.3.6 分离鼓常见的故障诊断与维修

分离鼓的作用是将较大颗粒的电解质及炭块从钢丸和细粉中分离。由筒体、U 形槽、电机减速机、轴承等组成。分离鼓常见的故障及处理方法见表 3-5。

表 3-5 分离鼓常见的故障及处理方法

故障描述	原因分析	处理措施
轴承碎裂	螺栓松动，轴发生径向跳动	更换轴承，紧固螺栓
分离隔板筛网堵塞	筒体筛网破裂，细料颗粒较大	修补或更换筒体筛网
U 形槽堵料	电解质或炭块颗粒较大，排料管卡阻、堵塞	疏通下料管道，加强残极表面大块清理

3.3.7 空气清洗分离器常见的故障诊断与维修

涡轮部件和设备内衬的使用寿命均受钢丸洁净度的影响，正确设置空气清洗分离器，可确保钢丸的洁净度。通过去除污物和废料实现系统内钢丸的洁净。在分离器中，当空气穿过两层向下流动的钢丸时，可将小颗粒和细粉带走，摆动隔板系统可控制钢丸层密度，图 3-8 所示为摆动隔板控制系统结构示意图。

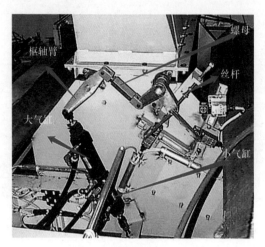

图 3-8　摆动隔板控制系统

3.3.7.1　摆动隔板控制系统的调整

（1）活动小气缸，调整活塞杆 U 形夹，使两块摆动隔板与位于分离器顶部的放料板之间的间隙约为 10mm；

（2）大气缸伸出，小气缸收回，调整螺母和丝杆使摆动隔板和空气通道板至最大开度位置；

（3）收回大气缸及小气缸，重新调整摆动隔板和空气通道板至完全关闭；

（4）出现异常继续上述步骤。

3.3.7.2　空气通道板的调整

空气通道板位于摆动控制隔板下方用于控制从组件下落的物料流，由两块对称分布设置。各个板上装有一根调节杆，可垂直移动通道板。调整时卸松各个板的固定螺栓，重新调整调节杆并固定。

3.3.8　物料循环管道常见的故障诊断与维修

图 3-9 所示为抛丸机的循环管道系统，由橡胶软管、耐磨铁管、可弯曲铝管及料斗组成。

在生产过程中经常出现堵料和漏料现象。出现此种现象的原因有：

（1）残极表面的非电解质杂物较多，且为具有一定强度的细长物质，造成进料管口堵塞；

（2）钢丸在铁管中流动，与管壁发生摩擦，对管壁产生严重的磨损，甚至磨穿，造成钢丸外漏。

处理方法：

（1）及时疏通管道，加强清理残极表面非电解质杂质；

（2）定期更换循环管道，尤其是倾斜管，并加装耐磨板。

图 3-9　循环料管

3.4　抛丸机备品备件明细

抛丸机备品备件明细见表 3-6 和表 3-7。

表 3-6　残极抛丸机的各机构轴承汇总

使用部位	型　号
螺旋输送机电机侧枕座轴承	SKF SAFD22518/80H
螺旋输送机尾侧枕座轴承	SKF SAFD22518/80
推车机复合轴承	WINKEL 4.061 AP4
推进器链条驱动齿轮法兰轴承	SKF FYRP 2.3/16

表 3-7　残极抛丸机的各机构气动阀汇总

使用部位	分　类	型　号
旋转器气动阀组	锁定阀	LV3B6B
	气动三联件	P32CA13GEMNGLNW
	双电控电磁阀	H12WXBBL49D
	单电控电磁阀	H1EWXBBL49D
	流量控制阀	PS4042CP
钢丸分离器气动阀组	流量控制阀	PS4042CP
	单电控电磁阀	H1EWXBBL49D
抛丸仓和间隔仓大门气动阀组	锁定阀	LV3B6B
	气动三联件	P32CA13GEMNGLNW
	单向节流阀	7140 21 21
	双电控电磁阀	H12WXBBL49D
顶部密封气动阀组	闭塞阀	7881 17 17
	换向阀	B53005A
	流量控制阀	PS4042CP
	双电控电磁阀	H12WXBBL49D
推车机气动阀组	双电控电磁阀	H12WXBBL49D
	流量控制阀	PS4042CP

4 残极压脱机

4.1 残极压脱机的介绍

残极压脱机是阳极组装车间的核心设备之一,其作用是将残极导杆组上的残极炭块与钢爪分离,并对分离炭块进行破碎,破碎后的炭块通过残极输送皮带输送至下游工序。主要通过残极导杆组定位、钢爪夹紧、举升油缸压脱来实现残极压脱的功能。作为组装车间的核心设备,作业区残极压脱机设计采用了行业普遍采用的双线设备,以此达到一用一备的目的,方便设备检修和生产保障。目前两台压脱机运行平稳、性能优良,单机产能达到 60 组 / h,图 4-1 所示为残极压脱机外观。

图 4-1 残极压脱机

4.2 残极压脱机的设备组成

残极压脱机主要由主框架、主顶缸、剪力板钳口、剪力板大梁、人字板、推车机、液压系统及配电系统等组成。其中两套主顶缸均采用单作用油缸，即依靠油缸自重来实现举升装置的下降，有效解决了行业内双作用油缸下降时的卡阻及由此造成的油缸损坏。

4.3 残极压脱机常见的故障诊断与维修

4.3.1 液压系统常见的故障诊断与维修

残极压脱机（奥图泰设备）液压站与装卸站的相同。主油泵的调节参数为：系统高压为 152bar（约 15MPa），正常运行情况下无需调整。图 4-2 所示为液压系统油泵。

图 4-2　液压系统油泵

液压站常见的故障及处理方法见表 4-1。

表 4-1　液压站常见的故障及处理方法

故障描述	故障分析	处理方法
油温过高	冷却系统发生堵塞或水压不足	疏通冷却水管道或更换油水交换器
	溢流阀（安全阀）失调，大量液压油进入油箱	更换安全阀
	循环泵损坏	更换循环泵
液压油过脏	过滤器滤芯堵塞	更换过滤器滤芯
	液压油杂质过多	更换液压油
油位过低	液压管道或执行油缸漏油	更换或紧固油管、油缸，添加液压油

故障描述	故障分析	处理方法
压力不足	油温的变化改变液压油的流动性	检查或更换加热器
	油泵调压阀失调，内部活塞卡阻	更换油泵
	安全阀失调，输出压力缩小	更换安全阀

4.3.2　推车机常见的故障诊断与维修

推车机可同时输送两组残极，即将入端位的残极推至压脱工位，同时将压脱工位的导杆退出压脱机。推车机由入端抱臂、出端抱臂、气缸、驱动电机减速机、复合轴承、激光传感器等组成。

推车机自动运行条件为：液压站启动；入端位、压脱位停止器关闭；剪力板钳口收回到位；主顶缸下降到位；抱臂收回到位；推车机回退到位。

推车机手动运行的条件为：液压站启动；入端位、压脱位停止器打开；剪力板钳口收回到位；主顶缸下降到位。

生产过程中推车机常见的故障及处理方法见表4-2。

表4-2　推车机常见的故障及处理方法

故障描述	原因分析	处理措施
推车机不动作（手动时）	链条断裂	搭接链条断裂处或更换链条
	链条过松，造成与链轮脱轨而受卡阻	调节链条的松紧度
	复合轴承磨碎严重损坏	更换复合轴承
	推进器电机减速机损坏	修复或更换电机减速机
	激光测距仪损坏	更换激光测距仪
推臂故障	推臂伸出 / 收回卡阻	查出原因并修复
	推臂与气缸联接销轴磨损严重	更换销轴，并加油润滑
	推臂气缸漏气，电磁阀异常，气管破裂	更换气缸或活塞杆密封
	推臂接近开关损坏	更换接近开关，检查线路

4.3.3 主顶缸常见的故障诊断与维修

进口残极压脱机的主顶缸使用单程液压缸，即油缸活塞伸出为液压驱动，收回时靠自重及负载推回。图 4-3 所示为主顶缸和刀架的实物图。主顶缸在压脱过程中产生的力最大可达 1945kN。

图 4-3　主顶缸及刀架

4.3.3.1　主顶缸的更换拆卸方法

残极压脱机主顶缸的体积较大，重量也大，且部分空间狭小，拆卸不易，所以拆卸时必须明确步骤，不但有利于提高更换效率，而且对安全也有一定的保障。主顶缸的更换步骤如下：

（1）将主顶缸升起至在高位置，剪力板回退到位，插入锁定销；

（2）拆卸导向板螺丝及导向板；

（3）拆卸剪力板油缸底座、钳口滑块，并拉出钳口；

（4）拆卸钳口横梁楔块（进出口各两块）；

（5）拆卸横梁并吊出；

（6）拆卸人字板、焊接吊耳并吊出人字板；

（7）拆卸轨道护罩、油缸裙罩及耐磨板；

（8）拆卸油缸两颗地脚螺栓，并将环形吊耳拧入螺孔（对称装两个）；

（9）拆卸限位信号杆；

（10）拆卸缸筒上部的卡箍；

（11）确认安全后取出保险销，手动收回活塞杆；

（12）拆卸油缸所有地脚螺栓；

（13）拆卸油缸所有管道，并堵好所有通孔；

（14）在油缸顶部拧上专用吊耳，使用起重机吊出油缸（吊起过程中保持水平），并放置于平整干净的地面上；

（15）准备好的油缸安装步骤为上述步骤的逆向步骤。

4.3.3.2　主顶缸常见的故障及处理办法

主顶缸常见的故障及处理办法见表4-3。

表4-3　主顶缸常见的故障及处理办法

故障描述		原因分析	处理措施
上升速度太慢或过快		流量控制失调	调节流量控制装置
		流量控制装置堵塞或损坏	清理或更换流量控制装置
速度随负荷变化而变化		流量控制装置故障	更换流量控制装置
上升或下降不动作	电气元件正常，输出正常时	系统液压压力不足	调节主油泵、溢流阀，确保压力
		人字板架轨道间隙过大受卡	更换轨道耐磨板
		主框架与人字板缝隙有铁块	焊接强化保护板
		油缸密封组件磨损或损坏	更换密封组件
		控制阀阀体卡阻	清理控制阀，更换液压站滤芯
	电气元件损坏	控制柜操作屏按键损坏	修复或更换操作屏
		系统输出故障（模块或保险）	更换模块或保险
漏油		油管接头密封损坏	更换密封
		主顶缸密封垫螺栓松动	紧固密封垫
限位信号丢失		限位感应开关损坏	更换限位开关
		限位开关固定杆掉落	焊接加固开关固定杆
		限位开关位置不当	调节限位开关位置至适当位置

4.3.4 钳口夹紧装置常见的故障诊断与维修

残极压脱机的剪力板钳口既是一种定位夹具，也是残极炭块破碎的刀具，使用液压驱动，钳口在油缸的作用下往复运动。夹紧系统由钳口、滑块、底座、油缸、横梁等组成。

钳口的前端部装有保护环，作用是保护钳口的完好性；大梁的底部装有滑块。生产过程中经常出现地脚螺栓松动，主要原因是由于滑块耐磨垫严重磨损，钳口的中心下降，偏离原始水平位置，对螺栓产生弯曲应力，往复运动，压脱时并伴随震动，很容易造成螺栓松动。压脱过程中，由于炭块突然碎裂，释放能量，引起震动使钳口上下晃动较大，造成油缸导向套及相关密封快速损坏。螺杆长时间松动会造成螺纹损坏，无法安装螺栓。所以滑块的及时修复和更换是延长剪力板钳口及油缸使用寿命最有利的措施。常见的故障和处理办法见表4-4。

表4-4 剪力板钳口常见的故障及处理措施

故障描述	原因分析	处理措施
地脚螺栓断裂或松动	钳口耐磨条损坏	及时更换耐磨条或滑块，更换紧固地脚螺栓
油缸漏油	油缸密封组件损坏	更换安装密封组件
油缸活塞杆拉断	收回时受卡	（1）经常清理钳口表面的杂物；（2）消除机械卡阻；（3）更换油缸
伸出收回限位丢失	限位开关损坏	更换限位开关
	信号感应板掉落	安装信号感应板
	限位开关位置不当	调节限位开关
炭块压脱不干净	主顶缸上升限位不当	调节主顶缸上升限位
	钳口保护环掉落	安装钳口保护环
	人字板刀头掉落	安装固定人字板刀头

4.4 残极压脱机的备品备件及易损件清单

残极压脱机的备品备件及易损件见表4-5～表4-8。

表4-5 残极压脱机各机构轴承汇总

使用部位	型号
推车机轮复合轴承	WINKEL 4.061 AP4
推车机气缸关节轴承	AW-20-1
推车机链条驱动齿轮法兰轴承	SKF FYRP 2.3/16

表4-6 残极压脱机气缸油缸备件汇总

名称	型号
推车机入端抱夹气缸	7.00 CTC2AR34AC 16.750
推车机出端抱夹气缸	4.00 CTC2AR38AC 11
剪力板油缸	6.00 CJJ2HLTS255AC 6.000

表4-7 残极压脱机各机构液压阀和气动阀汇总

使用部位	分类	型号
剪切板液压阀组	流量控制阀	FCVL-12-N-S-O-N
	球阀	BBV21160001MLD
	单向阀	RV257S
	压力控制阀	SDVA-A-16-25-S
	液控单向阀	SREA-AB-16-02-1
	方向控制阀	DSHG-04-3C40-T-D24-N-5290
主顶缸液压阀组	锥阀	M-CEHFE50D6TT
	方向控制阀	DSG-01-2B2-D24-N-7090
	单向阀	CVH081P
	电磁阀	WS22GNBB-16-3 24V DC
	单向阀	SC125WISSM

续表 4-7

使用部位	分 类	型 号
推车机 气动阀组	截止阀	LV8BAB
	气动三联件	P3NEA18GSMBNG
	气动三联件	P3NLA18LSN
	电磁阀	H32WXBBL49D
	流量控制阀	PS4242CP

表 4-8 残极压脱机液压站备件汇总

名 称	型 号
主油泵电机	MQC-67WC-S 40HP
油泵柱塞泵	PVWJ098A1UVLSAYP1NN/FNN
循环泵电机	MQC-22WCS
循环齿轮泵	AP300/63 D280
水调节阀	65127
单向阀	RV207S/HF781
单向阀	RV2065S
热交换器（水）	HEX S610-30-00/G1
滤芯	UE299AN13Z
安全阀	RVPS-12-N-S-12TS-30
高压阀电磁线圈	WUVA-1LO-25-1-1 24V DC
高压阀阀体	GALA1

5 磷铁环压脱机

5.1 磷铁环压脱机的简介

磷铁环压脱机的作用与残极压脱机相似，不同之处在于两种工艺压脱的对象不同，残极压脱机处理残极炭块，磷铁环压脱机处理破碎钢爪上的磷铁环。具体原理为：带磷铁环的导杆组经过导杆定位、钢爪夹紧和举升油缸举升压脱后，附着于钢爪爪头的四只磷铁环顺利脱落，并使其碎裂。由于磷铁环的强度远高于残极炭块的强度，因此生产过程中磷铁环压脱机的故障率远高于残极压脱机。同样作为组装车间的核心设备，磷铁环压脱机设计采用了行业普遍采用的双线设备，以此达到一用一备的目的，方便设备检修和生产保障。作业区磷铁环压脱机有两种类型，分别为一次压脱两爪和一次压脱四爪。两种压脱机优缺点明显，四爪压脱机压脱效率高，但是设备故障率偏高；两爪压脱机设备效率偏低，但是设备性能稳定，故障率较低，每次可压两只爪头铁环，每个导杆组在压脱机内压脱两次。图 5-1 所示为磷铁环压脱机外观。

图 5-1　磷铁环压脱机

5.2 磷铁环压脱机的设备组成

磷铁环压脱机和残极压脱机的结构相似，由液压站、主框架、主顶缸、剪力板钳口、剪力板大梁、人字板、推车机等组成，不同于残极压脱机的是其体积小于残极压脱机体积。与残极压脱机一样，其中两套主顶缸均采用单作用油缸，即依靠油缸自重来实现举升装置的下降，有效解决了行业内双作用油缸下降时的卡阻及由此造成的油缸损坏。

5.3 磷铁环压脱机常见的故障诊断与维修

相比于残极压脱机，磷铁环压脱机的故障率较高，主要原因在于磷铁环是铸铁，其机械强度远高于残极炭块的强度，磷铁环受到2060kN 的力而碎裂的瞬间释放的能量远高于炭块碎裂时释放的能量。由能量瞬间释放引发的震动，破坏了零部件的组装配合，震裂了焊接薄弱的位置等，是磷铁环压脱机故障率较高的主要原因。

5.3.1 液压系统常见的故障诊断与维修

图 5-2 所示为磷铁环压脱机的液压站。磷铁环压脱机的液压站为压脱机提供液压动力。液压站由主油泵、主油泵电机、循环泵、循环泵电机、油水交换器、冷却水管、溢流阀、集成油管等组成。压脱机在工作时的输出压力分别为高压 2200psi（15.17MPa），低压 900psi（6.2MPa）。

主油泵压力设置方法为：

（1）启动之前打开注油口，添加清洁干净的液压油直至加满；

（2）启动主油泵，并将其压力调节旋钮解锁，同时将溢流阀调节旋钮解锁，旋转溢流阀调节旋钮，调节旋钮位置如图 5-3 所示，使溢流阀和先导阀的压力达到 2500psi（17.24MPa），锁紧溢流阀调节旋钮（高压设置需将先导阀通电），再次调节主油泵补偿器，旋转主油泵调节旋钮使压力达到 2200psi（15.17MPa）；

（3）低压调节时先将先导阀断电，调节压力至 900psi（6.2MPa）。

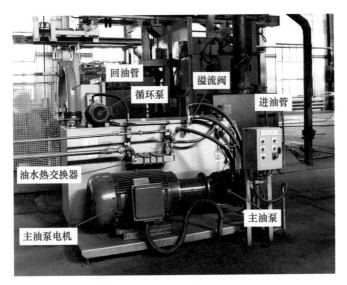

图 5-2　磷铁环压脱机的液压站

图 5-3　溢流阀调节旋钮

液压站常见的故障及处理措施见表 5-1。

表 5-1　液压站常见的故障及处理措施

故障描述	故障分析	处理方法
油温过高	冷却系统发生堵塞或水压不足	疏通冷却水管道或更换油水交换器
	溢流阀（安全阀）失调，大量液压油进入油箱	更换安全阀
	循环泵损坏	更换循环泵
液压油过脏	过滤器滤芯堵塞	更换过滤器滤芯
	液压油杂质过多	更换液压油
	空气过滤器失效	更换或清洗空气过滤器滤芯
油位过低	液压管道或执行油缸漏油	更换或紧固油管、油缸及相关密封，补加液压油
压力不足	油温的变化改变液压油的流动性	检查或更换加热器
	油泵调压阀失调，内部活塞卡阻	更换油泵
	安全阀失调，输出压力缩小	更换安全阀

5.3.2　推车机常见的故障诊断与维修

推车机可同时输送两组导杆，即将入端位的导杆推至压脱第一工位，同时将压脱工位的导杆推出压脱机，第一工位完成后将导杆推至第二工位，将另一组导杆推至悬链带动处。推车机由入端抱臂、出端抱臂、气缸、驱动电机减速机、复合轴承、激光传感器等组成。

推车机自动运行的条件为：液压站启动；入端位停止器关闭；剪力板钳口收回到位；主顶缸下降到位；抱臂收回到位；推车机回退到位，下游畅通。

推车机手动运行的条件为：液压站启动，入端位停止器打开，剪力板钳口收回到位，主顶缸下降到位。

推车机前进到下一位时，剪力板钳口收回到位，主顶缸下降到位。推车机常见的故障及处理方法见表5-2。

表 5-2 推车机常见的故障及处理方法

故障描述	原因分析	处理措施
推车机不动作（手动时）	链条断裂	搭接链条断裂处或更换链条
	链条过松，造成与链轮脱轨而受卡阻	调节链条的松紧度
	复合轴承磨碎严重损坏	更换复合轴承
	推进器电机减速机损坏	修复或更换电机减速机
	激光测距仪损坏	更换激光测距仪
推臂故障	推臂伸出/收回卡阻	查出原因并修复
	推臂与气缸链接销轴磨损严重	更换销轴，并加油润滑
	推臂气缸漏气，电磁阀异常，气管破裂	更换气缸或活塞杆密封
	推臂接近开关损坏	更换接近开关，检查线路

5.3.3 主顶缸常见的故障诊断与维修

奥图泰进口铁环压脱机的主顶缸同残极压脱机相同，使用单程液压缸，即油缸活塞伸出为液压驱动，收回时靠自重及负载退回。主顶缸在压脱过程中产生的力最大可达2060kN。

磷铁环压脱机主顶缸的体积较大，重量也大，且部分空间狭小，拆卸不易，所以拆卸时同残极压脱机必须明确步骤，不但有利于提高更换效率，而且对安全也有一定的保障。主顶缸的更换步骤如下：

（1）将主顶缸升起至在高位置，剪力板回退到位，插入锁定销；

（2）拆卸导向板螺丝及导向板；

（3）拆卸剪力板油缸底座、钳口滑块并拉出钳口；

（4）拆卸钳口横梁楔块（进出口各两块）；

（5）拆卸横梁并吊出；

（6）拆卸人字板、焊接吊耳并吊出人字板；

（7）拆卸轨道护罩、油缸裙罩及耐磨板；

（8）拆卸油缸两颗地脚螺栓，并将环形吊耳拧入螺孔（对称装两个）；

（9）拆卸限位信号杆；

（10）拆卸缸筒上部的卡箍；

（11）确认安全后取出保险销，手动收回活塞杆；

（12）拆卸油缸所有地脚螺栓；

（13）拆卸油缸所有管道，并堵好所有通孔；

（14）在油缸顶部拧上专用吊耳，使用起重机吊出油缸（吊起过程中保持水平），并放置于平整干净的地面上；

（15）准备好的油缸安装步骤为上述步骤的逆向步骤。

主顶缸常见的故障及处理办法见表5-3。

表5-3　主顶缸常见的故障及处理办法

故障描述		原因分析	处理措施
上升速度太慢或过快		流量控制失调	调节流量控制装置
		流量控制装置堵塞或损坏	清理或更换流量控制装置
速度随负荷变化而变化		流量控制装置故障	更换流量控制装置
上升或下降不动作	电气元件正常，输出正常时	系统液压压力不足	调节主油泵、溢流阀，确保压力
		人字板架轨道间隙过大受卡	更换轨道耐磨板
		主框架与人字板缝隙有铁块	焊接强化保护板
		油缸密封组件磨损或损坏	更换密封组件
		控制阀阀体卡阻	清理控制阀，更换液压站滤芯
	电气元件损坏	控制柜操作屏按键损坏	修复或更换操作屏
		系统输出故障（模块或保险）	更换模块或保险

故障描述	原因分析	处理措施
漏油	油管接头密封损坏	更换密封
	主顶缸密封垫螺栓松动	紧固密封垫
限位信号丢失	限位感应开关损坏	更换限位开关
	限位开关固定杆掉落	焊接加固开关固定杆
	限位开关位置不当	调节限位开关位置至适当位置

5.3.4 钳口夹紧装置常见的故障诊断与维修

磷铁环压脱机的剪力板钳口同样既是一种定位夹具,也是磷铁环破碎的刀具,使用液压驱动,钳口在油缸的作用下往复运动。夹紧系统由钳口、滑块、底座、油缸、横梁等组成,其安装位置如图 5-4 所示。钳口的前端部装有保护环,作用是保护钳口的完好性;大梁的底部装有滑块。

图 5-4 夹紧系统安装位置

剪力板钳口常见故障及处理措施见表 5-4。

表 5-4 剪力板钳口常见故障及处理措施

故障描述	原因分析	处理措施
地脚螺栓断裂或松动	钳口耐磨条损坏	及时更换耐磨条或滑块，更换紧固地脚螺栓
油缸漏油	油缸密封组件损坏	更换安装密封组件
油缸活塞杆拉断	收回时受卡	（1）经常清理钳口表面的杂物； （2）消除机械卡阻； （3）更换油缸
伸出收回限位丢失	限位开关损坏	更换限位开关
	信号感应板掉落	安装信号感应板
	限位开关位置不当	调节限位开关
铁环压脱不干净	主顶缸上升限位不当	调节主顶缸上升限位
	钳口保护环掉落	安装钳口保护环
	人字板刀头掉落	安装固定人字板刀头

5.4 磷铁环压脱机备品备件及易损件明细

磷铁环压脱机备品备件及易损件见表 5-5 ~ 表 5-8。

表 5-5 铁环压脱机各机构轴承汇总

使用部位	型 号
推车机轮复合轴承	WINKEL 4.061 AP4
推车机气缸关节轴承	AW-20-1
推车机链条驱动齿轮法兰轴承	SKF FYRP 2.3/16

表 5-6　铁环压脱机各机构液压阀和气动阀汇总

使用部位	分　类	型　号
剪切板液压阀组	流量控制阀	FCVL-12-N-S-O-N
	球阀	BBV21160001MLD
	单向阀	RV257S
	溢流阀	SDVA-A-16-25-S
	液控单向阀	SREA-AB-16-02-1
	方向控制阀	DSHG-04-3C40-T-D24-N-5290
主顶缸液压阀组	锥阀	M-CEHFE50D6TT
	方向控制阀	DSG-01-2B2-D24-N-7090
	单向阀	CVH081P
	电磁阀	WS22GNBB-16-3 24V DC
	单向阀	SC125WISSM
推车机气动阀组	截止阀	LV8BAB
	气动三联件	P3NEA18GSMBNG
	气动三联件	P3NLA18LSN
	电磁阀	H32WXBBL49D
	流量控制阀	PS4242CP

表 5-7　铁环压脱机液压站备件汇总

名　称	型　号
主油泵电机	MQC-82WC-S
油泵柱塞泵	PV270R1D3T1VMRC

续表 5-7

名　称	型　号
循环泵电机	MQC-22WC-S
循环齿轮泵	AP300/63 D280
水调节阀	65127
单向阀	RV207S
单向阀	RV2065S
热交换器（水）	HEX S522-20-00/G1 1/2"
滤芯	UE299AN13Z
安全阀	RAH201S30-20T
高压阀电磁线圈	WUVA-1LO-25-1-1 24V DC
高压阀阀体	GALA1
单向阀	RV257S

表 5-8　铁环压脱机气缸油缸备件汇总

名　称	型　号
推车机入端抱夹气缸	7.00 CTC2AR34AC 16.750
推车机出端抱夹气缸	4.00 CTC2AR38AC 11
剪力板油缸	4.00 CJJ2HCTS255AC 6.000

6 浇铸站

6.1 浇铸站的原理及介绍

浇铸站是阳极组装车间的第一大工作站，如图 6-1 所示，是生产成品阳极的功能大站，其作用就是将准备好的导杆和成品炭块组装在一起，使用熔化的铁水将导杆与炭块连接在一起，变成具有一定连接强度和导电性能的成品阳极供电解使用。

图 6-1　浇铸站

浇铸站生产过程描述：蘸好石墨的导杆被悬链输送到浇铸站前的停止器等待，成品炭块被辊式输送机输送至入端提升台前。打开浇铸站前停止器，导杆进入浇铸站组装位，浇铸站组装工位的导杆夹具和钢爪夹具伸出，同时启动入端提升台辊式输送机，带动炭块进入浇铸站组装工位，炭块夹具伸出固定好炭块。入端提升台升起，与导杆完成配合（四爪配合四碗）。启动电机减速机，推动步进器前进

2050mm 的距离，同时带动组装好的导杆和炭块前进 2050mm，到达浇铸位。伸出浇铸位导杆扶正器，组装位各夹具打开，步进器回退到初始位置，操作浇铸小车，倾翻浇铸包，使用铁水浇灌钢爪与炭碗的间隙。浇铸完成后打开导杆扶正器，继续组装导杆和炭块并输送至浇铸位。浇铸完成后阳极在步进器炭块推臂的推动下经过缓冲冷却工位推到大梁末端，这时出端提升台升起，同时启动出端提升台和步进器，推动冷却好的阳极进入出端提升台。出端提升台下降，打开出端停止器，阳极由悬链输送至铲铁平台。

6.2 浇铸站的设备组成

浇铸站主要由浇铸小车、步进器、浇铸大梁、入端提升台、出端提升台等组成。浇铸站设备较复杂，有电力驱动设备，如步进器的往返行走、浇铸小车浇包的移动与倾翻、浇铸小车的行走等；也有液压驱动组件，如组装工位所有抱夹、炭块推臂、浇铸工位的导杆抱夹、入（出）端提升台等。浇铸小车采用地面轨道式移动小车，该结构设计了浇铸驾驶室，有效地提升了职工安全防护，降低了职工劳动强度，也提升了劳动生产率。同时，整个浇铸站自动控制系统设计了双车同时浇铸模式，该模式极大地提升了浇铸效率，但是对生产过程安全管理要求极高。

6.3 浇铸站常见的故障诊断与维修

在生产运行过程中，经常出现铁水飞溅，溅起的铁水洒落在各零件上，尤其是进入活动的零部件关节处，造成零部件关节处的严重磨损，是生产过程中出现限位开关失效的主要原因，也是造成部分电机过载或减速机损坏的主要原因。

6.3.1 液压系统常见的故障诊断与维修

浇铸使用的铁水温度达到了 1400℃左右，然而浇铸站各液压驱动零部件都在铁水飞溅洒落的范围内，为防止液压油泄漏引起火灾，浇铸站液压站使用阻燃液压油。浇铸站的液压站结构与装卸站、残极压脱机液压站的结构极其相似,除添加油品种类不同。

6.3.1.1 液压站压力的设置

（1）检查确定主油泵注油口内加满液压油；

（2）启动主油泵,并对油泵压力调节旋钮和溢流阀调节旋钮解锁,旋钮位置如图 6-2 所示；

图 6-2 油泵压力调节旋钮和溢流阀调节旋钮

（3）旋转溢流阀调节旋钮,使其压力达到 2100psi（14.48MPa）,即系统的高压为 2100psi（14.48MPa）,锁紧溢流阀调节旋钮；

（4）旋转油泵压力调节旋钮,使泵的压力为 1800psi（12.4MPa）,即系统的工作压力为 1800psi（12.4MPa）,锁紧油泵压力调节旋钮。

6.3.1.2 液压站常见的故障及处理措施

液压站常见的故障及处理措施见表 6-1。

表 6-1　液压站常见的故障及处理措施

故障描述	故障分析	处理方法
油温过高	冷却系统发生堵塞或水压不足	疏通冷却水管道或更换油水交换器
	溢流阀（安全阀）失调，大量液压油进入油箱	更换安全阀
	循环泵损坏	更换循环泵
液压油过脏	过滤器滤芯堵塞	更换过滤器滤芯
	液压油杂质过多	更换液压油
油位过低	液压管道或执行油缸漏油	更换或紧固油管、油缸，添加液压油
压力不足	油温的变化改变液压油的流动性	检查或更换加热器
	油泵调压阀失调，内部活塞卡阻	更换油泵
	安全阀失调，输出压力缩小	更换安全阀

6.3.2　组装位常见的故障诊断与维修

图 6-3 所示为浇铸站组装位的工装夹具，分别为炭块抱夹、钢爪抱夹、导杆抱夹。抱夹都是由油缸带动，并固定在轴上做弧线运动。浇铸过程中，飞溅的铁水洒落在旋转轴、油缸关节及油缸导向套的间隙中，形成细小颗粒的铁珠，抱夹和油缸在往复运动中产生摩擦，造成零部件的快速磨损。炭块与导杆组装过程中，若组装不成功，系统会反复组装，直至组装成功。若钢爪的弯曲变形严重，反复组装时造成抱夹抱臂和油缸拉环弯曲变形。组装位常见的故障及处理措施见表 6-2。

图 6-3　组装位工装夹具

表 6-2　组装位常见的故障及处理措施

故障类型	故障描述	处理方法
机械故障	地脚螺栓松动或掉落	紧固和安装地脚螺栓
	与油缸连接耳环脱落或断裂	安装或更换连接耳环
	抱夹弯曲变形或断裂	校正或更换抱夹
	抱夹轴销及铜套严重磨损	更换轴销及铜套
	抱夹旋转轴灵活度降低	定期加油润滑或更换内部铜套
液压故障	液压控制阀内泄，压力不足	更换相关密封或更换阀组
	油缸漏油	更换油缸相关密封或油缸
	油管破裂或油管接头漏油	紧固或更换油管及相关密封圈
电气故障	限位开关损坏	更换限位开关
	线路烧断	更换电线，定期更换防护

6.3.3　步进器常见的故障诊断与维修

步进器如图 6-4 所示，由固定钢结构、活动结构、电机减速机、炭块推进器、钟罩推进器、凸轮滚子及推臂油缸等组成。生产浇铸时飞溅的铁水形成的铁渣堆积在炭块推进器轴端面，随着轴的旋转进入

图 6-4　步进器

轴与耐磨铜套的间隙，造成推臂的严重磨损，若铜套更换不及时，套与轴之间的间隙过大，很容易出现摆动引起的限位信号丢失。

电机减速机驱动摆臂做弧线运动，摆臂通过连接件推动活动钢架，活动钢架在固定钢架的轨道上移动，步进器的往返运动通过电机的正反转来实现。当步进器行走轮损坏或炭块推进器推动阳极受到较大的阻力时，电机减速机负载加大，造成变频器过载、减速机齿轮碎裂、电机烧损等故障。步进器常见的故障及处理措施见表 6-3。

表 6-3　步进器常见的故障及处理措施

故障描述	原因分析	处理措施
步进器前进后退不动作	自动运行中抱夹推臂的机械限位未到	调整限位开关或更换相关零件
	阳极卡阻	处理卡阻现象
	减速机内齿轮严重损坏	更换减速机（南北线方向相反）
	电机烧损	更换电机
	行走轮损坏	更换行走轮
炭块推臂不动作	旋转轴耐磨铜套严重磨损	更换铜套或推臂
	油压不足	调节液压站压力
	油缸关节拉环脱落或断裂	更换油缸关节拉环
推臂弯曲	炭块卡阻	处理卡点并校正推臂
推臂动作较慢	压力不足	调节系统压力
	油管破裂	更换油管
	阀体内泄	更换阀体
	油缸内泄	更换油缸
	铜套与轴，铁渣较多，摩擦力较大	及时更换耐磨铜套
电气故障	工装夹具机械限位输出故障	更换相关电气元件

6.3.4 入（出）端提升台常见的故障诊断与维修

浇铸站有两个升降台，分别位于浇铸站进、出端，炭块随入端提升台升起到达浇铸台高度并到达指定位置与钢爪配合，等待送到下一个工位。入端提升台是浇铸站的重要部位之一，其完成了成品炭块与导杆的组装。如果提升台发生故障，不能正常运行，浇铸站就如同虚设，相当于瘫痪。所以提升台和组装工位工装夹具的维护保养是浇铸站的重中之重，检查必须做到经常性，必须细心认真。图 6-5 所示为改造后的提升台。入端提升台与组装位工装夹具的正常运行，直接影响着浇铸站的自动化运行，提升台常见的故障及处理方法见表 6-4。

图 6-5 入（出）端提升台

表 6-4 提升台常见的故障及处理方法

故障描述	原因分析	处理措施
炭块无法进入或推出	活动关节件严重磨损	更换磨损件
	托辊驱动电机减速机损坏	更换电机减速机
炭块位置不定	托辊驱动链条断裂，失去制动效果	安装或更换链条

故障描述	原因分析	处理措施
油缸故障	见油缸的故障分析	见油缸的处理方法
上升下降限位丢失	限位接近开关损坏或间距较大	更换或调整间距

6.3.5 油缸常见故障及处理方法

浇铸站所有工装夹具及推臂都是由液压油缸驱动，油缸常见的故障及处理方法见表 6-5。

表 6-5　油缸常见的故障及处理方法

故障现象		原因分析	消除方法
活塞杆不能动作	压力不足	油液未进入液压缸： （1）换向阀未换向； （2）系统未供油	检查换向阀未换向的原因并排除，检查液压泵和主要液压阀的故障原因并排除
		虽然有油但没有压力： （1）系统有故障，主要是泵或溢流阀有故障； （2）内部泄漏严重，活塞与活塞杆脱落，密封件损坏严重	检查泵或溢流阀的故障原因并排除，紧固活塞与活塞杆，并更换密封件
		压力达不到规定值： （1）密封件老化、失效，密封圈唇口装反或有破损； （2）活塞环损坏； （3）系统调定压力过低； （4）压力调节阀有故障； （5）通过调速阀的流量过小，液压缸内泄漏量增大时，流量不足，造成压力不足	更换密封件并正确安装，更换活塞环，重新调整压力到要求值，检查原因并排除，调速阀的流量必须大于液压缸内泄露量
	压力已达到要求但仍不动作	活塞杆移动别劲： （1）缸筒与活塞，活塞杆与导向套配合间隙过小； （2）液压缸装配不良（活塞杆、活塞与缸盖之间同轴度差，液压缸与工作面平行度差）	检查配合间隙，更换使用合适的零件
		液压回路异常引起的原因，缸中被压腔液压油与油箱未相通，回路上的调速阀节流口调节过小或联通回路的换向阀未动作	检查原因并排除

故障现象		原因分析	消除方法
速度达不到规定值	内泄露严重	密封件破损严重	更换密封件
		油品黏度太低	更换适宜的油品
		油温过高	检查原因并排除
泄露		液压缸装配时,端盖装偏、活塞杆和缸筒不同心使活塞杆伸缩困难,加速密封件磨损、密封件安装差错、密封件划伤、切断、密封唇装反、唇口破损、轴倒角尺寸不对,密封件装错或漏装压盖未装好,拉杆螺栓受力不均,造成端部漏油、油管接头 O 型圈破损、导向套密封组件严重磨损、导向套退出,与压盖密封件分离,导向套划伤或变形油管磨损或压力过大涨破	拆开检查,重新装配更换,密封件更换并重新安装,密封件拆开重新安装,对角紧固,保持对正更换接头 O 型圈,更换 O 型密封圈或导向套,调节导向套并更换导向套,更换油管并调节管道压力

6.4 浇铸车

6.4.1 浇铸车的原理及介绍

浇铸车用于安全高效地向阳极炭碗内浇入铁水,使阳极导杆上的钢爪与阳极炭块结合在一起,浇铸车采用一台减速电机来驱动浇包的倾翻,整个过程完全可控,减少了铁水的浪费,操作工在远离高温区和飞溅火花的操作室内进行浇铸作业。操作工通过控制室内的一对操作手柄来控制浇铸车的运动。浇包拖挂在沿钢轨前后运动的上部小车系统的倾翻钢架上,通过手柄控制浇铸车移动完成 4 个炭碗的浇铸,浇铸包铁水倾倒完毕后操控浇铸车及上部小车移向中频炉正下方。图 6-6 所示为浇铸车实物。

6.4.2 浇铸车常见的故障诊断与维修

操控手柄时,浇铸车或上部小车未动作。经长时间的运行观察分析出现此种现象一般有两种原因:一是手柄电路发生故障,二是浇铸车车轮和上部小车车轮脱轨或卡阻。手柄发生故障最常见的表现为触

图 6-6 浇铸车

点失效，其次为控制柜输出故障。

电机减速机损坏也会造成小车不动作。当行车轨道严重磨损，轮与轨道的间隙扩大，车在行走过程中发生偏移，造成脱轨或卡阻；内侧与外侧行车轮在行走过程中磨损不同，造成车轮半径发生变化，也会出现脱轨和卡阻现象（同轴驱动，角速度相同，车轮半径大则其线速度较大；半径小，其线速度小）。

处理方法：出现浇铸车和上部小车不动作，先检查车轮是否脱轨或卡阻，若出现脱轨卡阻需更换浇铸车生产，并及时修补轨道和恢复小车。检查处理控制柜内的线路及输出模块等电气元件，若电气元件损坏需更换相应元器件；如果电气元件正常需检查手柄线路及触点，检查出现故障时及时更换元器件；检查电机是否正常，若异常则需更换电机。点动启动电机，电机旋转，小车不动，则减速机内齿轮已损坏，需及时更换恢复。

图 6-7 所示为浇铸车浇包的倾翻机构，在生产运行过程中同样会有铁水飞溅洒落在机构零件的表面，长时间不清理就会堆积于零件表

面，零件在活动运行中铁渣会乘虚而入进入零部件的活动间隙，造成活动关节的严重磨损。图中 A 处铁渣堆积过多，轴随着电机减速机的转动，铁渣被挤进轴与耐磨套的间隙，轴套内壁的光洁度被破坏，产生很大的摩擦，给电机外加了很大的负载，可能会造成星型减速机内部齿轮损坏或电机烧损。浇铸时，浇包周围温度过高，很容易引发润滑油变质，润滑油失效也会造成关节及轴套的快速磨损。当轴套严重磨损后，电机启动的瞬间或停止的瞬间发生轴上下跳动并伴随碰撞声，进而引起减速机固定法兰变形或固定螺栓松动。

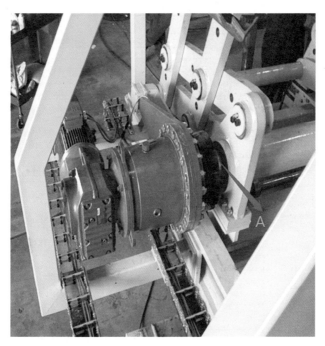

图 6-7　浇铸车倾翻机构

　　处理方法：电机减速机损坏时需及时更换电机减速机（南北线方向相反需调整）。如果关节轴套严重磨损需及时更换。尤其是 A 处，更换难度较大，需要定期做润滑保养和防护保养，定期更换减速机润滑油。润滑时需注意，由于铁水的影响，润滑周期需根据季节调整，夏天可缩短润滑周期，冬天可延长。

6.5 浇铸站备品备件及易损件明细

浇铸站备品备件及易损件见表 6-6 ~ 表 6-9。

表 6-6 浇铸站各机构轴承汇总

使用部位	型 号
炭块抱夹油缸关节轴承	ELGES GIHNRK32LO
钢爪抱夹油缸关节轴承	ELGES GIHNRK32LO

表 6-7 浇铸站各机构液压阀和气动阀汇总

使用部位	分 类	型 号
出端提升台 液压阀组	球阀	BBV21120001MLD
	单向阀	RV207S
	流量控制阀	MSW-01-Y-50
	方向控制阀	DSG-01-3C2-D24-N-70
	方向控制阀	DSG-01-3C4-D24-N-7090
	平衡阀	SNSA-A-6-SM1-03
入端提升台 液压阀组	球阀	BBV21120001MLD
	单向阀	RV207S
	流量控制阀	MSW-01-Y-50
	方向控制阀	DSG-01-3C4-D24-N-7090
	平衡阀	SNSA-A-6-SM1-03
步进器整体 液压阀组	球阀	BV21120001MLD
	单向阀	RV207S
	流量控制阀	MSW-01-Y-50
	方向控制阀	DSG-01-3C4-D24-N-7090
	单向阀	MPW-01-2-40

表 6-8 浇铸站液压站备件汇总

名　称	型　号
主油泵电机	MQC-62WC-S 40HP
油泵柱塞泵	PVWJ098A1UVLSAYP1NNSN
循环泵电机	MQC-22WC-S 2.2kW
循环齿轮泵	AP300/53 D280
水调节阀	65127
单向阀	RV207S/HF781
单向阀	RV2065S
热交换器（水）	HEX S610-30-00/G1"
滤芯	UE319AN13Z
安全阀	RVPS-12-N-S-12TS-30
过滤器	UT319A24AN13Z5SBG0

表 6-9 浇铸小车各机构轴承汇总

使用部位	型　号
大车驱动轮轴承	62172RS
倾翻小车移动轴两侧轴承	SKF 32017 X/Q
倾翻小车移动轮子内轴承	SKF 6013-2RS1

7 积放式悬挂输送机

7.1 积放式悬挂输送机的原理及介绍

积放式悬挂输送机是一种适应于高生产率、柔性生产系统的运输设备，不仅起着运输作用，而且贯穿整个生产线，集精良的工艺操作、储存和运输功能于一体。阳极组装积放式悬挂输送机（简称悬链）是阳极组装生产线的空中输送设备，主要与地面设备配合按照工序化、流水化、自动化的模式来实现组装的所有生产工艺。主要工作原理为：从电解车间返回的残极导杆组在装卸站被挂到悬链吊挂的钟罩上，以12m/min 速度沿着悬链运行到不同工位进行工序化处理，最后又在装卸站下线成为合格的阳极导杆组。整条悬链通过小车组与输送链推头的啮合与脱开来实现吊具上的导杆组输送或停止积放。

7.2 积放式悬挂输送机的结构组成

积放式悬挂输送机主要有以下几个部分组成：驱动装置、张紧装置、输送机轨道、牵引链条、积放小车组、停止器、止退器、滚子组回转装置、道岔、气路控制装置等。

（1）驱动装置。驱动装置是悬链输送机的核心动力装置，负责向牵引链条提供动力，保证牵引链条行走。它由电机、减速器、机架、驱动链条组成。电机与减速器相连，履带式驱动装置由主动链轮、被动链轮与驱动链条组成；主动链轮与减速器主轴相连，被动链轮为张紧链轮，动力通过两个链轮和驱动链条传给牵引链条。驱动装置具有机械过载和电流过热继电器双重保护。

（2）张紧装置。在每条悬链系统中，都需要设张紧装置，其作用是给松弛的链条以初张力，同时补偿链条由于磨损或温度变化引起的伸长和缩短，另外在拆卸链条时可以调整张紧装置，以消除链条的张力，便于拆卸。张紧装置设在传动装置的绕出边，并靠近传动装置。张紧装置设有检测牵引链条松紧的机械保护装置。

（3）牵引链及承载轨道。牵引链负责将钟罩吊具及导杆组带走行至不同工位，由优质高锰钢模锻而成的具有不同功能的链节组成，其机构如图7-1所示。各链节均经过热处理，以提高强度，延长其使用寿命。每间隔一定的距离设一带牵引钩的链节。牵引钩是带动承载小车的构件，钩头经淬火处理；另设有可以固定滑轮的链节，以便将链条吊在牵引轨道上。承载轨道由工字钢和槽钢组成，其上部的工字钢为牵引轨道，承载小车的轮组在两槽钢内滑行，工字钢与槽钢之间用托架固定，悬链轨道类型如图7-2所示。

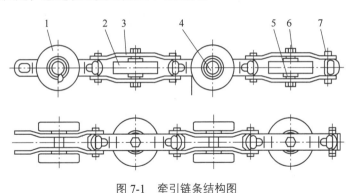

图 7-1　牵引链条结构图

1— 走轮；2— 导轮；3— 链片；4,6— 中间轴；5— 销轴；7— 走行轮轴

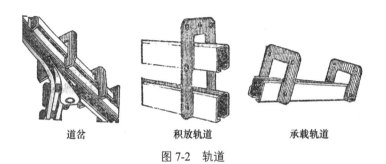

道岔　　　　　　积放轨道　　　　　承载轨道

图 7-2　轨道

（4）积放小车组及钟罩吊具。积放小车组通过牵引链条的带动在

系统中运行，将钟罩吊具及物件带至不同工位，主要由前小车、后小车、载荷梁与钟罩吊具组成。载荷梁与在承载轨道中运行的前后小车相连接，钟罩吊具在载荷梁下方与其通过链条连接。在悬挂输送机系统中，积放小车组是沿输送线路运行的唯一物体，积放小车组的前小车具有与牵引链条啮合或脱开啮合的功能，前小车通过牵引链条上的推头的带动在系统中运行，导杆组与钟罩吊具锁死。

（5）旋转机构。按工艺需要，铝导杆需要在不同工位进行旋转，因此有一段承载轨道连同停在其上的承载小车要能自行旋转。旋转机构主要由机架、导向轮、定向气缸和插板、气动放车气缸、前阻车器、主回转轴、旋转轨道、后阻车器、慢速开关、停止限位开关、传动装置及链条等零部件组成。

（6）停止器。停止器安装在承载轨道的侧面，设置在输送系统中需要停下积放小车组的位置上，是输送机系统中控制载货小车停止和运行的装置。它是整个输送机系统中车流控制的核心。由于各生产工序间的短期不平衡性和各种偶然性，小车在系统中的流动是随机的和不规则的，停止器在总体上对系统中的物流起着均衡作用，使小车的流动在概率上趋向稳定和平衡状态，确保整个输送机系统的正常工作。

（7）止退器。止退器是用来防止进入停止器的第一辆积放小车后退和游弋的装置。止退器固定在承载轨道上，由止退板和支架组成。载货小车向前运行时，在链条的推动下，积放小车推止退板，止退板绕轴旋转，积放小车通过之后，止退板在自重的作用下又旋转回原始位。

（8）滚子组回转装置。滚子组回转装置是一种引导牵引链条水平转向，并为之提供圆滑过渡的部件。其构造是在支架上等距离分布有一系列滚子，滚子内装有轴承。回转支架和牵引轨道平行，支架上安装的滚子数量取决于水平弯轨的半径。牵引链沿滚子外表面摩擦运行，带动滚子旋转。

（9）气路控制单元。气路单元是控制气缸动作的装置，它由分水滤气器、调压阀、油雾器及电磁阀等气动元件组成并组装到一块安装板上，在气路单元的进气端，还设有截止阀，以便于气路单元及气缸的维修。根据用途不同，气路单元可分为道岔气路单元、停止器气路单元、张紧气路单元和升降机气路单元。

7.3　积放式悬挂输送机的性能参数

积放式悬挂输送机的性能参数见表 7-1。

表 7-1　积放式悬挂输送机的性能参数

项　目	参　数
型号	WWWJ6 积放式悬挂输送机
年生产能力	45 万吨
输送线工艺长度	500m
牵引链长度	305m+227m+317m+180m
链速	12m/min
生产节拍	48s
吊挂重量	1800kg
运载外形尺寸	1750mm × 740mm × 640mm
吊具质量	250kg
吊具数量	120 件
双车名义载荷	2000kgf（19620N）
小车中心距	450mm
积放长度	920mm
牵引链型号	X-678
链条节距	t=153.2mm
牵引链极限拉伸载荷	386kN
牵引链许用张力	27kN
牵引链安全系数	n=14
推杆间距	T=8T
滑架布置	6T+2T

项 目	参 数
驱动装置 输出扭矩	8600N·m
电机功率	11kW
气动液压张紧装置	s=900mm
光轮回转半径	600mm
滚子回转半径	900mm
压缩空气压力	0.45MPa
压缩空气量	2.5m³/min

7.4 积放式悬挂输送机的日常维护与检查内容

积放式悬挂输送机的日常维护与检查内容见表 7-2。

表 7-2 积放式悬挂输送机的日常维护与检查

序号	驱动部分检查内容	传动部分检查内容
1	驱动装置及其附件安全可靠，无开焊、变形、脱落	牵引链条运行无爬行、卡阻，链条连片、工字销无磨损
2	驱动电机、减速机运行平稳，无异响、无升温	承载轨、牵引轨焊接可靠，无开焊、磨损、变形部位
3	驱动主轴、轴承座运行平稳，无异音、磨损，链轮无磨损	停止器插板、导向轮、轨条等部件完好、运行正常，无卡车现象
4	驱动链完好，松紧合适，与链轮咬合到位，运行流畅，无卡阻	止退器完好、无变形、卡车现象
5	顶轨安全、可靠、无磨损，张紧适中，张紧螺栓无变形、张紧螺母无松动	转向器抬起装置及导向三角完好，焊接可靠、无开焊、变形，转向顺利、正常、无卡车现象
6	滚子排组转动正常、运行平稳，润滑适中，滚子无损坏	回转滚子排安装稳固，滚子旋转正常，润滑适中，无卡阻牵引链条现象
7	张紧装置稳定、可靠，自动调节功能正常，张紧气缸及气路单元完好	汇流、分流道岔完好、稳固，无磨损、变形，切换正常

续表 7-2

序号	驱动部分检查内容	传动部分检查内容
8	驱动进出端弯道安全、可靠，无变形、磨损，弯道滚子排组运行正常	拍打器安装稳固，拍打精准，无拍打臂变形、磨损情形
9	驱动平台安全、可靠，爬梯、护栏完好，无变形、开焊部位	气路单元安装稳固，三联件完好，动作正常
10	驱动过载保护及链条松紧保护装置完好，保护动作灵敏	自动润滑装置完好、控制灵敏，无跑冒滴漏

7.5   积放式悬挂输送机故障诊断与维修

积放式悬挂输送机故障诊断与维修见表 7-3。

表 7-3   积放式悬挂输送机常见故障与维修

故障描述	原因分析	处理方法
驱动顶轨断裂	（1）使用过程中磨损严重；（2）没有安装合适位置；（3）顶轨前后张紧位置没有在水平位置	拆除更换新顶轨
驱动链条断脱轨	（1）长时间使用磨损严重；（2）润滑没有做到位，长时间干磨导致	拆除更换新顶轨，加强日常检查及润滑工作
	（1）悬链过载导致链条受力过大；（2）链条张紧过度导致运行过程中拉断；（3）链条张紧装置过松	调节驱动链张紧装置
驱动电机不动作	电机抱闸抱死未打开	检查抱闸模块及抱闸电源是否完好
	电机轴承抱死	更换电动机轴承
	电源线没电	检查电源是否完好
	减速机损坏卡死不动作	检查减速机是否完好
	电动机损坏烧损	更换电机

故障描述	原因分析	处理方法
牵引链脱轨断裂	链条张紧过松	调节牵引链张紧装置
	链条连接销轴断，链条连接链板断裂	检查更换链条销轴、链板
	驱动过载信号损坏拉断	检查更换驱动过载信号
两辆钟罩小车撞车	停止器插板、止退板变形卡住钟罩小车； 钟罩运行时阳极导杆卡到设备上； 操作人员误操作弯道处两边同时发车； 钟罩小车损坏弯道处卡停； 转向器变形卡死钟罩转向板； 停止器粘在开关位置； 气缸或气阀故障； 继电器回路故障； 限位开关故障	寻找发生小车挤死的地点； 松开传动装置； 注意是哪一个停止器最后打开的，发出最后一辆载货小车的停止器即为故障停止器； 松开挤死的小车，脱开跟链条挂钩的啮合； 将两辆挤死的小车推到前面的积存区去； 将两个停止器关闭，并检查继电器回路的状态； 观察故障停止器的动作以确定发生挤车原因
悬链无法启动	悬链过长限位开关起作用	去掉一段链条并检查链条磨损情况
	悬链卡死	检查悬链运行路线找到卡死点并处理
	急停按钮损坏，门限位开关损坏	检查更换损坏急停按钮和损坏限位开关
	悬链信号线接地	检查接地配电柜并处理接地位置
	配电柜电气元件烧损导致电源无法送上	检查配电柜电气元件并更换
	电动机烧损无法运行	更换损坏电动机
停止器无法打开	气动单元没有压缩空气	检查压缩空气是否正常
	气动阀块或电磁阀损坏	更换损坏阀块或电磁阀
	站位信号损坏无站位信号，开关按钮损坏	更换损坏站位信号、开关按钮
	线路故障无法正常供电	检查供电线路是否完好正常
	气缸卡死无法正常动作	更换损坏气缸

故障描述	原因分析	处理方法
停止器多发车	站位信号闪烁或信号板损坏	更换损坏信号及信号板
	钟罩小车感应信号棒变形或脱落	更换修复损坏小车
	停止器损坏，打开无法关闭	修复损坏停止器
运行中突然停车	驱动过载保护	减少载荷，调整行程开关位置和弹簧预紧力
	张紧和行程开关保护	牵引链已张不紧，去掉一个四轮挂钩
	牵引链被卡住	修复被卡住的链条
	电气控制失灵	检查线路和更换电气元件
载货小车组前小车、后小车在道岔发生分车而卡死	（1）岔舌粘在开通位置； （2）电路软管或气缸故障； （3）继电器电路故障； （4）限位开关故障	（1）寻找分车挤死的地方； （2）松开传动装置； （3）解除挤死状态并跟牵引链推钩脱开啮合； （4）设法退回后小车，如果舌推不动将载荷卸下退出岔道； （5）操纵岔舌转动，以使后小车进入前小车线路中并将载荷楔安装上

8 起重机

8.1 起重机的原理及介绍

起重机是现代化工业生产不可缺少的特种设备，广泛地应用于各种物品的起重、运输、装卸、安装等作业中，对于提高劳动生产率发挥着巨大的作用。阳极组装生产线使用的起重机主要有堆垛天车、桥式起重机两种，图 8-1 所示为两种起重机实物照片。根据天车安装的位置不同，其吊运的物种和功能也不同。堆垛天车是炭块专用吊具，其主要用于炭块的摆放。桥式起重机则分布于车间的中频炉、导杆区及炭块库物件摆放区，主要用于吊运炉前物料、导杆等较重的物件，南北线对称分布。

图 8-1　起重机

8.2 起重机的设备组成

起重机的类型很多，阳极组装生产线使用的桥式起重机和堆垛天车从结构上划分主要由机械和电气两大部分组成。

8.2.1 桥式起重机的结构组成

机械部分：由主起升机构、小车运行机构和大车运行机构组成。其中包括钢丝绳、电动机、联轴器、传动轴、制动器、减速器、卷筒、车轮、桥架、升降臂、夹具、司机室、小车架、吊钩等。

电气部分：由电气设备和电气线路组成，包括动力装置和各机构的启动、调速、换向、制动及停止等控制系统。

8.2.2 堆垛天车的结构组成

机械部分：由钢丝绳、电动机、联轴器、传动轴、制动器、减速机、卷筒、夹具、车轮、操作室、桥架、平衡臂、夹具梁、滑轮等组成。

电气部分：由电气设备和电气线路组成，包括动力装置和各机构的启动、调速、换向、制动及停止等控制系统。

8.3 起重机常见的故障诊断与维修

8.3.1 桥式起重机常见的故障诊断与维修

8.3.1.1 机械故障

桥式起重机的机械故障和处理办法见表8-1。

表 8-1 桥式起重机常见机械故障与排除方法

零件名称	故障及损坏情况	原因及后果	排除方法
锻造吊钩	吊钩表面出现疲劳裂纹	超载、超期使用、材质缺陷	发现裂纹，更换
	开口及危险断面磨损	严重时削弱强度，易断钩	磨损超过 10% 更换
	开口和弯曲部位发生塑性变化	长期过载，疲劳所致	立即更换
钢丝绳	断丝、断股、打结、磨损	导致突然断绳	断股、打结停止使用，断丝、磨损按标准更换

续表 8-1

零件名称	故障及损坏情况	原因及后果	排除方法
滑轮	滑轮槽磨损不均	材质不均，安装不符合要求，绳和轮接触不良	轮槽磨损量达到原厚的 1/10，径向磨损量达绳径的 1/4 应更换
	滑轮芯轴磨损量达公称直径的 3%~5%	芯轴损坏	更换
	滑轮转不动	芯轴和钢丝绳磨损加剧	检修
	滑轮倾斜、松动	轴上定位松动或钢丝绳跳槽	检修
	滑轮裂纹或轮缘断裂	滑轮损坏	更换
卷筒	卷筒疲劳裂纹	卷筒破裂	更换卷筒
	卷筒轴、键磨损	轴被剪断、导致重物坠落	停止使用，立即对轴键等检修
	卷筒绳槽磨损和绳槽磨损量达原壁厚的 15%~20%	卷筒强度削弱，容易断裂，钢丝绳卷绕混乱	更换卷筒
齿轮	齿轮轮齿折断	工作时产生冲击与振动，继续使用损坏转动机构	更换齿轮
	轮齿磨损达原厚 15%~21%	运转中有振动和异常声音，是超期使用，安装不正确所致	更换齿轮
	齿轮裂纹	齿轮损坏	对起升机构应做更换，对运行机构应做修补
	因"键滚"使齿轮键槽损坏	使吊重坠落	对起升机构应做更换，对运行机构应做键槽修复
	齿面削落面占全部工作面积的 31%，削落深度达齿厚的 10%	超期使用，热处理质量问题	更换
轴	裂纹	材质差，热处理不当，导致损坏轴	更换
	轴弯曲超过 0.5mm/m	导致轴径磨损，影响传动产生振动	更换或校正
	键槽损坏	不能传递扭矩	起升机构应做更换，运转机构等可修复使用

零件名称	故障及损坏情况	原因及后果	排除方法
车轮	踏面和轮幅轮盘有疲劳裂纹	车轮损坏	更换
	主动车轮踏面磨损不匀	导致车轮啃轨，车体倾斜和运动时产生振动	成对更换
	踏面磨损达轮圈原厚的 15%	车轮损坏	更换
	轮缘磨损达原厚度的 50%	由车体倾斜、车轮啃轨所致，容易脱轨	更换
制动器	小轴、心轴磨损达公称直径的 3%~5%	抱不住闸	更换
	刹车后盖磨损达 1~2mm 或原厚度的 50%	吊重下滑或溜车	更换
	刹车片磨损达 2mm 或原厚度的 50%	制动器失灵	更换

8.3.1.2　电气故障

桥式起重机的电气故障及处理办法见表 8-2。

表 8-2　桥式起重机常见电气故障与排除方法

故障	产生故障的原因	消除方法
电机发热	由于被带动的机械有故障而过负荷	检查机械状态，消除卡位现象
	在降压的电压下运转	电压低于额定电压的 10%，应停止使用
	三相短路	检查外部电路的完好
	轴承损坏	更换轴承
	电机扫膛	检查轴承及前后端盖的磨损度
接触器合上后电机不转	一相断电，电动机发响声	找出断电处，接好线
	线路中无电压	用万用表测量电压
	接触器触点未接触	检查并修理接触器
按动启动按钮全车不动	控制线有短路处	找出控制线短路处并接好
	总接触器触点未接触或线圈损坏	更换接触器
	手柄盒按钮未接触或线路脱落	更换触点

故障	产生故障的原因	消除方法
手柄盒操作按钮按下无动作	控制线有短路处	找出控制线短路处并接好
	接触器触点未接触或线圈损坏	更换接触器
	手柄盒按钮未接触或线路脱落	更换触点
	限位开关损坏	更换开关
电磁铁线圈过热	电磁铁引力过载	调整弹簧拉力
	磁流通路的固定部分和活动部分之间存在间隙	调整固定部分与活动部分之间的间隙
	线圈电压与电网电压不符	更换线圈或改变接法
	制动器的工作条件与线圈的特性不符合	换上符合条件的线圈
起重机运行时经常跳闸	触头压力不足	调整触头压力
	触头烧坏	用 0 号砂纸磨光触头或更换
	触头脏污	用 0 号砂纸磨光触头或更换
	超负荷或接地短路造成电流过大	减轻负荷，检查线路故障
	滑线接触不良	调整滑线
	空气开关失灵	更换
有下降无起升或有起升无下降	起升限位接触不良或损坏	检查起升限位开关
	超载限制器跳开或损坏	检查超载限位
	主令开关触头未接触	检查主令开关触头
	接线头松动或断线	检查控制线路
	断火限位下限失灵	检查断火限位
	接触器损坏	更换接触器
行走机构不能行走	限位开关损坏或接触不良	更换限位开关
	停止按钮常闭触头不好	更换触点
	电机烧毁	更换电机
	接触器损坏	更换接触器

8.3.2　堆垛天车常见的故障与维修

堆垛天车是炭素工业的特有起重机，其电气和机械部分和桥式起重机既有共同点又有不同的地方，表 8-3 为堆垛天车特有的故障和处理办法。

表 8-3 堆垛天车特有的故障和处理措施

故障描述	原因分析	处理措施
炭块夹具无法打开、关闭	蘑菇头高度不一致，导致卡死	调节蘑菇头高度至正常位置
	顶杆变形或断裂	更换顶杆
炭块夹具液压推动杆不动作	油缸泄漏无压力	检查更换油缸密封
	液压泵无法启动	检查液压泵，排除故障
大车行走轮异响	行走轮轴承损坏，轨道清障铲松动摩擦轨道	更换行走轮轴承，调整紧固清障铲

9 布袋脉冲式除尘器

9.1 布袋脉冲式除尘器的原理及介绍

袋式除尘器是一种干式滤尘装置。它适用于捕集细小、干燥、非纤维性粉尘。滤袋采用纺织的滤布或非纺织的毡制成，利用纤维织物的过滤作用对含尘气体进行过滤，当含尘气体进入袋式除尘器后，颗粒大、密度大的粉尘由于重力的作用沉降下来，落入灰斗，含有较细小粉尘的气体在通过滤料时，粉尘被阻留，使气体得到净化。滤料使用一段时间后，由于筛滤、碰撞、滞留、扩散、静电等效应，滤袋表面积聚了一层粉尘，这层粉尘称为初层，在此以后的运动过程中，初层成了滤料的主要过滤层，依靠初层的作用，网孔较大的滤料也能获得较高的过滤效率。随着粉尘在滤料表面的积聚，除尘器的效率和阻力都相应的增加，当滤料两侧的压力差很大时，会把有些已附着在滤料上的细小尘粒挤压过去，使除尘器效率下降。另外，除尘器的阻力过高会使除尘系统的风量显著下降。因此，除尘器的阻力达到一定数值后，要及时清灰。清灰时不能破坏初层，以免效率下降。

9.2 布袋脉冲式除尘器的设备组成

如图 9-1 所示，袋式除尘器结构主要由上部箱体、中部箱体、下部箱体（灰斗）、清灰系统和排灰机构等部分组成。按滤袋的形状分为：扁形袋（梯形及平板形）和圆形袋（圆筒形）；按进出风方式分为：下进风上出风、上进风下出风和直流式（只限于板状扁袋）；按袋的过滤方式分为：外滤式和内滤式。图 9-2 所示为袋式除尘器现场实物。

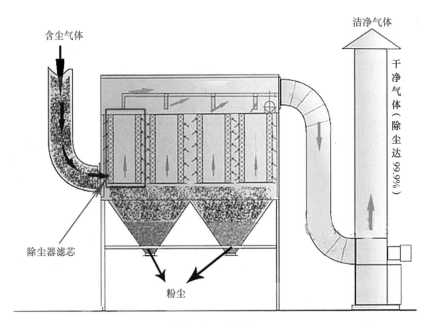

图 9-1　袋式除尘器结构及原理图

图 9-2　袋式除尘器现场实物图

9.3 布袋脉冲式除尘器的主要技术特点及参数

布袋脉冲式除尘器的主要技术特点及参数见表 9-1。

表 9-1 部分主要除尘器的技术特点及参数

序 号	1	2	3	4	5	6
除尘器名称	C1	C2	C3	C4	C5	C6
除尘器型号	HL4-68-125C	HLG4-68-125D	9-26	HL4-68-8C	HL4-68-63C	HL4-68-8C
除尘器类型	布袋脉冲式					
电机功率 / kW	75	90	75	37	18.5	37
处理 / 过滤面积 /m²	425	836	935	346	182	425
设计风量 / m³·h⁻¹	53434	76674	33309	30016	12852	30016
除尘器全压 / Pa	3204	3263	3785	3028	3155	3028
设计除尘效率 /%	> 99.5	> 99.5	> 99.5	> 99.5	> 99.5	> 99.5
是否安装在线设施	否					
是否国控污染源	否					
排口烟囱高度 /m	15					
排口内径 /m	0.8	1.2	1.0	0.7	0.6	0.8
排口温度 /℃	常温					
主要污染因子	粉尘					
设计污染物排放浓度 /mg·m⁻³	粉尘≤30	粉尘≤30	粉尘≤50	粉尘≤50	粉尘≤50	粉尘≤50
排放标准	GB 25465—2010《铝工业污染排放标准》					

9.4 布袋脉冲式除尘器的日常维护与检查

布袋脉冲式除尘器的日常维护与检查见表 9-2。

表 9-2 布袋除尘器日常运行及停运检查事项

检查项目		检查内容	
		运　行	停　运
性能参数	处理风量	是否在设计范围内	
	处理气体温度	是否在设计范围内	
	压缩空气压力	是否在设计范围内	
	设备阻力	是否在设计范围内	
设备部件	阀门	（1）动作状态，阀门的开闭是否灵活准确； （2）驱动装置的动作； （3）阀门的密闭性	（1）变形和破损； （2）阀门的密闭性及动作状态
	安全阀	完好性、灵活性	
	灰斗	（1）粉尘的堆积量； （2）排尘口的密封状态	（1）粉尘的堆积量； （2）清除灰斗壁上附着的粉尘
	卸灰输灰装置｜螺旋输送机、刮板机等	（1）检查螺旋的驱动装置、动作是否平稳； （2）有无异常声音，润滑油是否充足、排出部分是否堵塞	（1）螺旋、刮板的磨损情况； （2）输送设备内的附着粉尘清除
	卸灰输灰装置｜卸灰阀	（1）密封性是否良好； （2）有无异常声音，润滑油是否充足、排出部分是否堵塞	（1）叶片的磨损情况； （2）叶片是否附着粉尘
	清灰机构｜机械振动清灰	（1）根据压差计读数了解清灰状态； （2）振动机构在运行时是否产生异常声音，检查原因并调整； （3）压缩空气的压力是否符合要求或其他停风机构是否运行正常（本条仅适用于离线式）； （4）换向阀的动作是否正常及密封状况	（1）检查并确认动作程序； （2）清灰阀门的关闭状态； （3）振动机构的动作状态； （4）要注意滤袋的上、下部的安装状态和滤袋的松弛程度是否合适

续表 9-2

检查项目			检查内容	
			运　行	停　运
设备部件	清灰机构	气环反吹清灰	（1）根据压差计读数了解清灰状态； （2）压缩空气的压力是否符合要求或回转停风反吹机构是否运行正常； （3）换向阀的动作是否正常及密封状况是否良好； （4）反吹风机的工作情况及反吹风量	（1）检查一次阀门的动作和密封情况； （2）检查二次阀门的动作和密封情况； （3）检查反吹管道的粉尘堆积情况； （4）检查滤袋的张力
		脉冲清灰	（1）根据压差计读数了解清灰状态； （2）压缩空气的压力是否符合要求或回转停风反吹机构是否运行正常； （3）脉冲阀、离线阀的动作是否正常及密封状况； （4）经常对压缩空气系统进行排污放水，在寒冷地区应防止喷吹系统的结露和冻结	（1）脉冲阀的动作和密封情况； （2）离线阀的动作和密封情况； （3）压缩空气系统的排污放水； （4）检查滤袋的使用情况
	滤袋		（1）测定阻力并记录； （2）用肉眼观察排烟口的烟尘情况	（1）观察判断滤袋的使用状态及磨损程度； （2）观察、了解清灰状况； （3）滤袋的调整； （4）检查滤袋有无变质、破损、老化的情况； （5）检查滤袋有无互相摩擦，碰撞的现象； （6）检查滤袋或粉尘是否有潮湿、板结的现象
	仪表		（1）检查仪表的指示是否正确； （2）仪表检测部分清扫； （3）检查压力表配管有无漏气现象； （4）检查安全装置的动作情况	（1）检查并确认安全装置的动作； （2）仪表的检测，传感部分的检查和清扫； （3）调整压力表的零点

9.5 布袋脉冲式除尘器常见的故障诊断与维修

布袋脉冲式除尘器常见的故障诊断与维修见表 9-3。

表 9-3 布袋除尘器常见故障及排除方法

故障	可能原因	排除方法
除尘器压差高	压差读数错误	（1）清理测压接口； （2）检查气管有无裂缝； （3）检查压差表
	喷吹系统设定不正确	（1）增加喷吹频率； （2）提高压力、检查干燥器，若清理需要，检查管路内有无堵塞
	喷吹阀失灵	（1）检查膜片阀； （2）检查控制电磁阀
	脉冲控制器失灵	（1）检查控制器是否指示各接点； （2）检查各端子的输出
	滤袋堵塞	（1）滤袋上如有凝结，将滤袋送实验室分析原因； （2）滤袋干燥清灰处理或更换、减少风量、增加压缩空气压力、增加清灰频率
	过量二次扬尘	（1）连续排空灰斗、各排滤袋、滤筒清灰按随机序列，而不是顺序清灰； （2）检查进口挡板，确保干净
风机电机电流小/风量小	除尘器压差高	参见前述除尘器压差高排除办法
	风机和马达接反	查看图纸，反接皮带轮
	管道积灰堵塞	清理管道，检查气体流速
	风机挡板关闭	打开挡板并锁定在开位
	除尘器提升阀关闭	检查气路，打开阀板
	系统静压过高	（1）测量风机两端静压并检查设计规格，按需调整； （2）对于高流速检查管道更换原有不良设计
	风机没有运行在设计要求内	（1）检查风机进口结构以确保做到平稳气流； （2）检查叶片有无磨损，按需要修复或更换
	风机反向转动	反接马达上接线

故障	可能原因	排除方法
粉尘从收尘点逸出	风量小	参见前述风机电机电流小／风量小排除方法
	管道泄漏	修补裂缝使粉尘不会绕过取尘点
	管道平衡不正确	调整支路管道风门
	吸风罩设计不合理	封闭取尘点四周敞开区域
		检查平吸通风装置有无克服吸力
		检查粉尘是否被皮带带出吸风罩
烟囱冒灰	过滤袋渗漏	如果滤袋撕裂或有小洞要更换
		检查弹簧圈的安装，确保紧密
	花板渗漏	填隙或焊缝
	无足够尘饼	降低压缩空气压力；减少清灰频率
	滤袋过多气孔	滤袋或滤筒作渗透测试，并咨询制造厂
风机磨损严重	风机处理过量粉尘	参见前述烟囱冒灰排除方法
	风机不适当	确定风机对工况是否适合，咨询制造厂
	风机转速过高	咨询制造厂
风机振动严重	叶轮积灰	（1）轮叶清灰，检查风机是否处理过量粉尘；（2）检查风机安装位置；（3）排干冷凝水或潮气；（4）保持风机干燥
	皮带轮不平衡	皮带轮作动力平衡
	轴承磨损	更换
压缩空气压力低	气管内阻力	检查气管有无堵塞
	压缩空气供应异常	检查主管道压缩空气供应情况
风量过高	管道渗漏	填塞裂缝
	静压不足	关闭风阀，减小风机转速
滤袋过早失效分解	滤料不适用该工况	分析气体化学性质并咨询滤袋或滤筒制造厂

故障	可能原因	排除方法
滤袋过早失效分解	滤料不适用气体成分	（1）在进除尘器前处理气体； （2）更换滤袋或滤筒
	运行在露点温度下	（1）提高气体温度； （2）开机时旁路
滤袋失效率高——过度磨损	均流导流挡板磨损	更换均流挡板
	粉尘过多	安装初级除尘器
	清灰周期过频	延长周期时间
	入口气流没有被滤袋或滤筒适当均流	咨询制造厂
	粉尘在净气室内	（1）清扫花板和滤袋或滤筒内部； （2）做荧光测试找到渗漏点
	笼架（若使用）上有毛刺、腐蚀	（1）如需要更换，清除光滑毛刺； （2）若腐蚀，考虑使用防腐蚀涂层的笼架
滤袋失效率高——燃烧	冷热气体层状分布	管道内使用挡板解决紊流
	火花进入除尘器内	安装火花消除器
	热电偶失效	更换并查明失效原因
	冷却装置失效	查看设计规格，咨询制造厂
	停机后没有清吹系统	系统停机后运行风机 15~20min
	壳体温度低于露点温度	（1）提高气体温度； （2）单元绝缘保温； （3）减少系统内潮气来降低露点温度
	外部空气进入除尘器内	检查壳体有无渗漏，门封条磨损
	保温层内穿有较冷物体	消除直接用金属作内衬
	压缩空气内有水汽	（1）检查自动排水器； （2）安装二次冷却或干燥器
	工艺工况变差	喷入调制粉
铰笼输送系统磨损严重	铰笼输送系统容量不足	测量每小时收尘量，咨询制造厂
	输送机速度过高	减小速度
星形卸料阀磨损严重	卸料器尺寸过小	测量每小时收尘量，咨询制造厂

故障	可能原因	排除方法
星形卸料阀磨损严重	热膨胀	咨询制造厂
	转速过高	减小速度
灰斗内物料搭桥	除尘器内存在湿气	查找并处理渗水处
	灰斗的设计阻碍了物料移动	安装声波喇叭或振打器促进物料移动
	粉尘堆积在灰斗内	连续排灰,不要在灰斗内存灰
	输送机开口过小	使用宽扩口槽形叶片
气力输送机磨损严重	气力风机吹送过快	减小送风机速度
	气管过小	查看设计数据,送风机重新定尺寸或加大气管尺寸
	弯管半径过短	更换成较长半径的弯管
气力输送机气管堵塞	气力输送机过载	(1)查看设计数据; (2)气管上安装声波喇叭
	下料缓	逐步计量粉尘
	粉尘有潮气	查找并处理渗水处
风机电机过载	风量太大	检查风机进口的开度
	电机尺寸不适冷启动	开机时调整风机风门,减小风机转速,更换电机
出口蝶阀不起作用——卡住	加注润滑油不足	检查注油器,按需加满
	调节不正确	调整、修复或更换
	滑阀卡住	拆卸查明原因,若损坏更换

10 中频无芯感应炉系统

10.1 中频系统的原理及介绍

中频无芯感应炉系统（简称中频炉）主要由周围装有感应器线圈的炉体、电源装置、水冷与液压装置组成。通电后在炉体坩埚内产生500Hz 的交变磁场，使铸铁内部产生涡流，将铸铁、铁环在中频炉内高温熔化，再使用浇铸抬包将铁水注入阳极焙烧块和导杆组架总成的炭碗中形成一个完整的阳极，并具有一定的强度和导电性能，提供给电解。系统构成如图 10-1 所示。

图 10-1 中频系统构成图

中频系统主要采用 KGPS-1800-(0.5) 型中频电源，单线采用 4 电 5 炉模式。KGPS-1800-(0.5) 型中频电源是一套水冷却方式的交流—直流—交流静止变频装置，功率元件选用了可控硅，充当电力电子的开关元件。主要技术数据为：交流输入 660V，直流输出 0~1250V，中频输出单相交流 2400V（感应线圈端电压），工作频率 500Hz，中频电源额定输出功率 1800kW。三相全控整流闭环结构框图如图 10-2 所示，系统各部分的实物外观如图 10-3 所示。

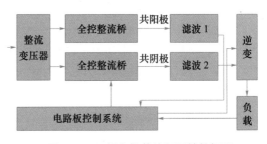

图 10-2 三相全控整流闭环结构框图

图 10-3　中频系统结构和实物图

10.2　中频系统结构的组成

10.2.1　整流电路

整流变压器是把 10kV 的三相 50Hz 交流电压降为两组三相 660V（一组为 △ 接法，另一组为 Y 接法）供给中频电源柜的双整流桥。单整流桥经 12 脉波全整流后，变为脉动的直流，经电抗器滤波后再通过并联逆变桥变为 300~500Hz 单相交流电，输出到负载。整流电路主要是将 50Hz 的交流电整流成直流。由 6 个晶闸管组成的三相全控桥式整流电路，输入工频电网电压 660V，控制晶闸管的导通角，实现输出 0~1210V 连续可调的直流电压，如图 10-4 所示。

10.2.2　逆变电路

逆变电路为并联逆变器，这种逆变器对负载变化适应能力强，它

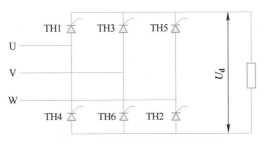

图 10-4　三相全控整流桥工作原理图

的主要作用是将三相整流后的直流电压逆变成 300~500Hz 的单相中
频交流电压。逆变器的工作过程如图 10-5 所示，当晶闸管 SCR1、
SCR2 导通时电流由一个方向流入负载，晶闸管 SCR1、SCR2 和
SCR3、SCR4 相互轮流导通和关断，就把直流变成了交流。晶闸管
SCR1、SCR2 与 SCR3、SCR4 每秒钟交替工作的次数决定了交流电
输出的频率。

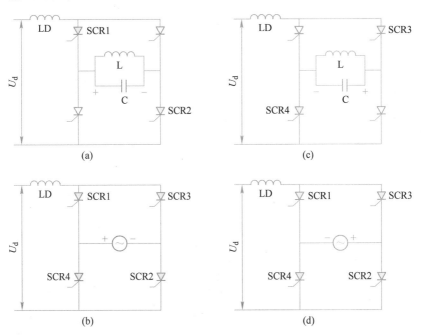

图 10-5　逆变主电路的工作过程

10.2.3 滤波电路

滤波电路，也称平波电路，是由电抗器组成的，其有三个作用：

（1）平波作用。三相交流进线电压经三相全控整流桥整流后，成为 300Hz 的脉动直流电压信号，由于电抗器的存在，经其平波后电压变为较为平滑的直流电压信号。

（2）隔离作用。将整流端的直流电压信号与逆变端的交流电压信号进行隔离。

（3）限流作用。电抗器是一个电感量较大的电感。当逆变测发生短路或电流冲击时，限制电流的迅速上升，防止对整流电路和电网的冲击。

10.2.4 负载电路

负载电路是补偿电容器和负载电感组成的谐振电路，负载电路的主要形式有平压电路（见图 10-6）和升压电路（见图 10-7）两种，现场设备采用平压式负载电路。

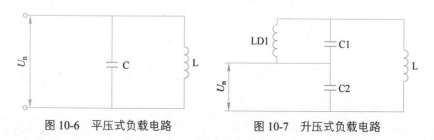

图 10-6　平压式负载电路　　　　图 10-7　升压式负载电路

10.2.5 保护电路

中频电源的负载电路、逆变电路换流失败，都使三相全控整流桥经平波电抗器短路，此短路电流既流过整流电路，也流过逆变电路，对整流和逆变晶闸管及其他控制回路构成过流、过压威胁，过电压、过电流均会对晶闸管造成危害，因此对过电流、过电压均须设保护装置。快速熔断器用于过流保护，压敏电阻及 RC 阻容吸收电路用于瞬间过电压保护，冷却水缺水保护，缺相欠压保护。

10.2.6 电容器部分

电力电容器是充油设备，安装、运行或操作不当可能着火，也可能发生爆炸，电容器的残留电荷还可能对人身安全构成直接威胁。因此，电容器的安全运行有很重要的意义。电容器运行中电流不应长时间超过电容器额定电流的 1.3 倍。电压不应长时间超过电容器额定电压的 1.1 倍。电容器使用环境温度不得超过生产厂家提供的限值，电容器外壳温度不得超过生产厂家的规定值（一般为 60℃或 65℃）。

10.3　中频系统常用电气元器件的检测方法

10.3.1　二极管好坏的识别

因为晶体二极管是单向导通的元器件，因此测量出来的正向电阻与反向电阻值差越大越好，如相差不大，说明二极管性能不好或已损坏；如表针不动说明二极管内部已开路；如果电阻为零，说明电极之间已短路。

10.3.2　三极管好坏的判别

主要测量极间阻值来判断 PN 结的好坏，用万用表 R×100 档，测量发射极和集电极间的正向阻值，如果测出都是低阻值说明管子质量是好的；如果发现测出的阻值正向电阻非常大或者反向电阻非常小，说明管子已损坏。

10.3.3　可控硅的简易测量

可控硅有阳极、阴极和一个控制极，测量时用万用表 R×1000 档来测阳极和阴极的正反向电阻值，正常阻值 A-K 间电阻等于无穷大、G-K 间电阻在 10~50Ω 之间。损坏时阻值 A-K 间电阻等于零，G-K 间电阻等于零，测量位置如图 10-8 所示。

10.3.4　万用表检测电容器好坏的方法

利用电容器的充放电原理检测电容器的好坏，方法为：将万用表

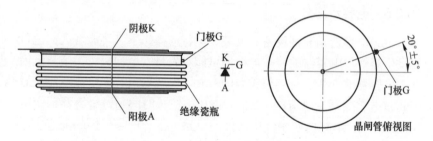

图 10-8　测量可控硅示意图

转换开关拨到电阻档 R × 1000 档上，表棒接电容器，这时表针产生左右摆动，摆动越大说明电容量越大，有时会摆动到接近零值，又慢慢退回停留在一位置上，停留点的电阻量就是这个电容器的漏电电阻，判断电容器的好坏就是看这个电阻值的大小。这个电阻越大越好，最好是无穷大。如果接上电容器表针不动，说明电容器内断开；如果接上电容器表针摆动到"零"不再退回，说明电容器已击穿。

10.3.5　整流器的检测

中频炉整流装置包括 6 个快速熔断器，12 个可控硅，12 个脉冲变压器。

（1）在快速熔断器上有一个红色的指示器，正常时指示器缩在外壳里边，当快速熔断器烧断后，它将弹出，有些快速熔断器的指示器较紧，当快速熔断器烧断后，它会卡在里边。所以为可靠起见，应该用万用表通断档测一下快速熔断器，以此判断是否烧断。

（2）测量可控硅的简单方法是用万用表电阻档（200Ω 或二极管器）测量阳极—阴极和门极—阴极之间的电阻。测量时可控硅不用取下来，正常情况下阳极—阴极间电阻应为无穷大，门极—阴极间电阻应在 10~50Ω 之间，过小或过大都表明这只可控硅门极失效，将不能被触发导通。

（3）脉冲变压器次边接在可控硅上，原边接在主控板上，用万用表测量原边电阻，阻值约 50Ω。

10.3.6 逆变器的检测

逆变器包括 4 只快速可控硅和 4 只脉冲变压器，可以按上述整流器检测方法检查。图 10-5 所示为逆变原理图。

10.3.7 补偿电容器的检测

与负载并联的补偿电容器可能被击穿。电容器一般都分组安装在电容器支架上，检查时应先确定击穿电容器所在的组，断开每组电容器的汇流母排与主汇流母排之间的联结点，测量每组电容器两个汇流排间的电阻，正常时电阻应为无穷大。确认坏的组后，再分断开每台电容器引至汇流排的分支铜排母线，逐台检查即可找到击穿的电容器。每台电容器由 4~6 个芯子组成，外壳为一极，另一极分别通过绝缘子引到端面上，一般只会有一个芯子被击穿，挑开这个绝缘子上的引线，这台电容器可以断续使用。电容器的另一个故障是漏油，漏油的电容器在短时间内可以继续使用，但应尽快更换。

电容器与电容器架是绝缘的，如果绝缘击穿将使主回路接地，测量电容器外壳引线和电容器架之间的电阻，可以判断绝缘状况。

10.3.8 液压系统的检测

中频炉炉体的倾翻运动靠液压系统来完成。液压系统的执行元件为炉体倾翻油缸，控制元件为手柄控制换向阀，动力元件为齿轮油泵，辅助元件有输送油管、油箱、油位显示表等。中频炉液压站的结构简单，运行相对较可靠。

10.3.9 水冷系统的检测

在中频炉使用过程中，循环水的可靠性是中频炉安全指数的保障。众所周知，铁水遇水会发生爆炸，造成严重的损失。炉体的降温全靠循环水来实现。水冷系统的冷却水压力为 0.3MPa，系统能承受的最大压力为 0.4MPa，安装完毕需做 0.5MPa 的保压试验。炉子的冷却水量，在应急时用正常使用水量的一半即可满足需要。水冷系统的进水温度为 35℃，出水温度为 55℃。全封闭循环系统采用离心泵及水管连接。

10.4 中频系统常见的故障诊断与维修

中频电源的维修，要求技术人员对中频电源的控制电路和主电路熟悉，熟练掌握电路的基本工作原理和功率器件的基本特性的基础上，才能快速准确地分析判断故障原因，并采取有效的措施排除故障，在此仅对典型电路和常见故障进行探讨。

10.4.1 开机设备不能正常启动的故障诊断与维修

（1）故障现象：启动时直流电流大、直流电压和中频电压低、设备声音沉闷，出现过流保护。

分析处理：逆变桥有一桥臂的晶闸管可能短路或开路造成逆变桥三臂桥运行，用示波器分别观察逆变桥的四个桥臂上的晶闸管管压降波形，若有一桥臂上的晶闸管的管压降波形为一线，该晶闸管已穿通；若为正弦波，该晶闸管未导通，更换已穿晶闸管，查找晶闸管未导通的原因。

（2）故障现象：启动时直流电流大、直流电压低、中频电压不能正常建立。

分析处理：补偿电容短路，断开电容。用万用表查找短路电容，并更换短路电容。

（3）故障现象：重载冷炉启动时各电参数和声音都正常，但功率升不上去，过流保护。

分析处理：

1）逆变换流角太小，用示波器观看逆变晶闸管的换流角，把换流角调到合适值；

2）炉体绝缘阻值低或短路，用兆欧表检测炉体阻值排除炉体的短路点；

3）炉体内材料相对感应圈阻值低，用兆欧表检测炉料相对感应圈的阻值，若阻值低则重新筑炉。

（4）故障现象：零电压它激无专用信号源、电路不好启动。

分析处理：

1）电流负反馈量调整得不合适，与电流互感器串联的反并二极管是否击穿；

2）信号线是否过长、过细；

3）信号合成相位是否接错；

4）中频变压器和隔离变压器是否损坏，特别要注意变压器匝间短路重新调整电流负反馈量及更换已损坏的部件。

（5）故障现象：零电压它激扫频启动电路难以启动。

分析处理：

1）扫频起始频率选择不合适，重新选择起始频率；

2）扫频电路有故障，用示波器观察扫频电路的波形和频率排除扫频电路故障。

（6）故障现象：启动时各用电参数和声音都正常、升功率时电流突然没有，电压到额定值过压、过流保护。

分析处理：负载开路检查，包括负载铜排接头和水冷电缆。

10.4.2　设备能启动但工作状态异常的故障诊断与维修

（1）故障现象：设备空载能启动但直流电压达不到额定值，直流平波电抗器有冲击声并伴随抖动。

分析处理：关掉逆变控制电源，在整流桥输出端接上假负载，用示波器观察整流桥的输出波形，可看到整流桥输出缺相波形及缺相的原因可能是：

1）整流触发脉冲丢失；

2）触发脉冲的幅值不够，宽度太窄导致触发功率不够，造成晶闸管时通时不通；

3）双脉冲触发电路的脉冲时序不对或补脉冲丢失；

4）晶闸管的控制极开路、短路或接触不良。

（2）故障现象：设备正常顺利启动，当功率升到某一值时过压或过流保护。

分析处理：分两步查找故障原因。

1）先将设备空载运行并观察电压能否升到额定值，若电压不能升到额定值并且多次在电压某一值附近过流保护，这可能是补偿电容或晶闸管的耐压不够造成的，但也不排除是电路某部分打火造成的；

2）若电压能升到额定值，可将设备转入重载运行并观察电流值是否能达到额定值，若电流不能升到额定值，并且多次在电流某一值附近过流保护，这可能是大电流干扰，要特别注意中频大电流的电磁场对控制部分和信号线的干扰。

（3）故障现象：设备运行正常，但在正常过流保护动作时烧毁多只 KP 晶闸管和快速熔断器。

分析处理：过流保护时为了向电网释放平波电抗器的能量，整流桥由整流状态转到逆变状态，这时如果出现其他异常就有可能造成有源逆变颠覆，烧毁多只晶闸管和快速熔断器、开关跳闸，并伴随有巨大的电流短路、爆炸，产生大电流和电磁力冲击变压器，严重时会损坏变压器。

（4）故障现象：设备运行正常但在高电压区内某点附近设备工作不稳定，直流电压表晃动，设备伴随有吱吱的声音，这种情况极容易造成逆变桥颠覆，烧毁晶闸管。

分析处理：这种故障较难排除，多发生于设备的某部件高压打火。

1）连接铜排接头螺丝松动造成打火；

2）断路器主接头氧化导致打火；

3）补偿电容接线桩螺丝松动引起打火，补偿电容内部放电阻容吸收电容打火；

4）水冷散热器绝缘部分太脏或炭化对地打火；

5）炉体感应线圈对炉壳、炉底板打火，炉体感应线圈匝间距太近导致匝间打火或起弧，固定炉体感应线圈的绝缘柱因高温炭化放电打火；

6）晶闸管内部打火。

（5）故障现象：设备运行正常但不时地可听到尖锐的嘀嘀声，同时直流电压表有轻微的摆动。

分析处理：用示波器观察逆变桥直流两端的电压波形，可看到逆变周期性短暂一个周波失败或不定周期短暂失败，并联谐振逆变电路短暂失败可自恢复，周期性短暂失败一般是逆变控制部分受到整流脉冲的干扰，非周期性短暂失败一般是由中频变压器匝间绝缘不良产生。

（6）故障现象：设备正常运行一段时间后设备出现异常声音，电表读数晃动，设备工作不稳定。

分析处理：设备工作一段时间后出现异常声音，工作不稳定，主要是设备的电气元器件的热特性不好。可把设备的电气部分分为弱电和强电两部分分别检测。先检测控制部分，可预防损坏主电路功率器件，在不合主电源开关的情况下只接通控制部分的电源。待控制部分工作一段时间后用示波器检测控制板的触发脉冲看触发脉冲是否正常。在确认控制部分没有问题的前提下把设备开起来，待不正常现象出现后，用示波器观察每只晶闸管的管压降波形，找出热特性不好的晶闸管，若晶闸管的管压降波形都正常，这时就要注意其他电气部件是否有问题，要特别注意断路器、电容器、电抗器、铜排接点和主变压器。

（7）故障现象：设备工作正常但功率上不去。

分析处理：只能说明设备各部件完好功率上不去，设备各参数调整不合适影响设备功率上不去的主要原因有：

1）整流部分没调好整流管，未完全导通直流电压没达到额定值影响功率输出；

2）中频电压值调得过高或过低影响功率输出；

3）截流、截压值调节得不当使得功率输出低；

4）炉体与电源不配套严重影响功率输出；

5）补偿电容器配置得过多或过少都得不到电效率和热效率最佳的功率输出，即得不到最佳的经济功率输出；

6）中频输出回路的分布电感和谐振回路的附加电感过大也影响最大功率输出。

（8）故障现象：设备运行正常但在某功率段升降功率时设备出现异常声音、抖动、电气仪表指针摆动。

分析处理：这种故障一般发生在功率给定电位器上，功率给定电位器某段不平滑跳动造成设备工作不稳定，严重时造成逆变颠覆，烧毁晶闸管。

（9）故障现象：设备运行正常但旁路电抗器发热烧毁。

分析处理：造成旁路电抗器发热烧毁的主要原因有：

1）旁路电抗器自身质量不好；

2）逆变电路存在不对称运行，造成逆变电路不对称运行的主要原因来源于信号回路。

（10）故障现象：设备运行正常经常击穿补偿电容。

分析处理：

1）中频电压和工作频率过高；

2）电容配置不够；

3）在电容升压电路中串联电容与并联电容的容量相差太大造成电压不均击穿电容；

4）冷却不好击穿电容。

（11）故障现象：设备运行正常但频繁过流。

分析处理：设备运行时各电参数波形声音都正常就是频繁过流。当出现这样的故障时，要注意是否是由于布线不当产生电磁干扰和线间寄生参数耦合干扰，如强电线与弱电线布在一起、工频线与中频线布在一起、信号线与强电线中频线汇流排交织在一起等。

10.4.3　直流平波电抗器常见的故障与维修

故障现象：设备工作不稳定、电参数波动、设备有异常声音、频繁出现过流保护和烧毁快速晶闸管。

分析处理：在中频电源维修中，直流平波电抗器故障属较难判断和处理的故障。直流平波电抗器易出现的故障有：

（1）随意调整电抗器的气隙和线圈匝数，改变了电抗器的电感量，影响了电抗器的滤波功能，使输出的直流电流出现断续现象，导致逆变桥工作不稳定逆变失败，烧毁逆变晶闸管。随意调小电抗器的气隙和减少线圈匝数在逆变桥直通短路时会降低电抗器阻挡电流上升的能力，烧毁晶闸管。随意改变电抗器的电感量还会影响设备的启动性能。

（2）电抗器线圈若有松动，在设备工作时电磁力使线圈抖动，线圈抖动时会发生电感量突变，在轻载启动和小电流运行时易造成逆变失败。

（3）电抗器线圈绝缘不好，对地短路或匝间短路打火放电造成电抗器的电感量突跳和强电磁干扰使设备工作不稳定、频繁产生异常声音、过流烧毁晶闸管。造成线圈绝缘层绝缘不好短路的原因有：

1）冷却不好、温度过高导致绝缘层绝缘变差打火炭化；

2）电抗器线圈松动，线圈绝缘层与线圈绝缘层之间、线圈绝缘层与铁心之间相对运动摩擦造成绝缘层损坏；

3）在处理电抗器线圈水垢时，把酸液渗透到线圈内，酸液腐蚀铜管并生成铜盐破坏绝缘层。

10.4.4　晶闸管常见的故障与维修

（1）故障现象：更换晶闸管后一开机就烧毁晶闸管。

分析处理：设备出故障烧毁晶闸管，在更换新晶闸管后不要马上开机，首先应对设备进行系统检查排除故障，在确认设备无故障的情况下再开机，否则就会出现一开机就烧毁晶闸管的现象。在压装新晶闸管时一定要注意压力均衡，否则就会造成晶闸管内部芯片机械损伤导致晶闸管的耐压值大幅下降，出现一开机就烧毁晶闸管的现象。

（2）故障现象：更换新晶闸管后开机正常但工作一段时间又烧毁晶闸管。

分析处理：发生此类故障的原因主要为以下几方面：

1）控制部分的电气元器件热特性不好；

2）晶闸管与散热器安装错位；

3）散热器经多次使用或压装过小台面晶闸管，造成散热器台面中心下凹，导致散热器台面与晶闸管台面接触不良而烧毁晶闸管；

4）散热器水腔内水垢太厚、导热不好，造成元件过热烧掉；

5）快速晶闸管因散热不好而温度升高，同时晶闸管的关断时间随着温度的升高而增大，最终导致元件不能关断造成逆变颠覆，烧掉晶闸管；

6）晶闸管工作温度过高、门极参数降低、抗干扰能力下降、易产生误触发损坏晶闸管和设备；

7）检查阻容吸收电路是否完好。

（3）故障现象：更换新晶闸管后设备仍不能正常工作而易烧晶闸管。

分析处理：设备出现故障后烧掉晶闸管，换上新晶闸管后，经静态检测，设备一切正常，但仍不能正常稳定工作，易烧晶闸管。这时要特别注意脉冲变压器、电源变压器、中频变压器、中频隔离变压器是否出现初级线圈与次级线圈之间、线圈与铁心之间、匝与匝之间是否绝缘不好。

10.4.5 逆变可控硅烧损的原因与处理

大电流和大电压失控引起的烧损主要有：

（1）高电压失控。中频电压升到一定值时，逆变器颠覆，无法在高阻抗情况下运行，元件的耐压降低或冷却效果不好，系统的绝缘性能降低，中频电压升高时设备对地短路，检查中频电容和炉体。干扰也可能引起逆变可控硅烧毁，逆变触发线要离主电路远一些。

（2）大电流失控。中频电压的反压角过小，触发电路是否有接触不良，另外还要注意关断时间的一致性。

元器件的质量如果工艺良好，则可靠性高。逆变可控硅管是相对比较薄弱的部件，如果频繁地损坏，必然有原因，应着重检查：

（1）逆变管的阻容吸收回路。重点检查吸收电容器是否断路。这时，应该采用能够测量电容量的数字万用表检测电容器，仅仅测量它的通断是不够的。如果逆变吸收回路断线，极易损坏逆变管。

（2）检查可控硅管电气参数是否满足要求，杜绝使用不合格元件安装到设备上使用。

（3）逆变管的水冷套及其他冷却水路是否堵塞，虽然这种情况较少，但确实出现过，容易忽略。

（4）注意负载有无对地打火的现象，这种情况会形成突变的高电压，造成逆变管击穿损坏。

（5）运行角度偏大或偏小都会引起逆变管频繁过流，从而损伤管子，容易造成永久性的损坏。

（6）在不影响启动的情况下，适当加大中频电源至炉体的中频回路接线电感，可以缓解因逆变管承受过大的 di/dt 造成的损坏。

10.5 中频炉常用备品备件及易损件明细

中频炉常用备品备件及易损件明细见表 10-1。

表 10-1 中频炉常用备品备件及易损件

序号	备件名称	备件型号	备 注
1	中频电源	KGPS1000/0.5	
2	电热电容器	RFM1.2-2000-0.5S	
3	水泵	HQH65-160	
4	万能断路器	DW15-1600	分励脱扣器 AC 220V，电动机 220V，欠压脱扣器 AC 220V
5	电抗器	900kW	
6	快速熔断器	RS8, AC500V, 1200A	BC100kA 85 × 40 1L
7	整流可控硅	KP1200A/2500V	KGPS1800-500Hz/3T
8	逆变可控硅	KK2500A/2500V	KGPS1800-500Hz/3T
9	变压器	3AC660V/380V	
10	变压器	3AC380V/18V	
11	变压器	220V/18V/7.5V	
12	变压器	1500V/100V/20V	
13	刀开关	HD13BX-1500A	
14	水冷套		KGPS1800-500Hz/3T
15	水冷套		KGPS1800-500Hz/3T
16	逆变脉冲变压器	575V, 2:1	575V, 2:1
17	电流互感器	5A/0.1A	5A/0.1A

续表 10-1

序号	备件名称	备件型号	备 注
18	水冷电缆		ϕ20 孔距：50mm，长度：5100mm
19	水冷电缆		ϕ20 孔距：50mm，长度：5320mm
20	倒炉开关动触头	ht130d	
21	倒炉开关静触头	ht130j	
22	胶木板	ht130jyb	线圈支撑胶木条专用
23	中频电炉线圈	HT-3XQ/0.5S	
24	板式交换器	BR-0.23-8	
25	倒炉电机轴承	RN309	
26	电容	FX24-50 F1 20K	
27	直流分流器	FL-39 型 0.5 级	1500A，75mV
28	水冷套支座		KGPS1800-500Hz/3T
29	水冷套支座		KGPS1800-500Hz/3T
30	换向电感	HT1800KW-HLDG.3	
31	电容	941C12P47K-F.47MFD 10%	
32	磁轭	HT3-CE.3	
33	主控板	DLJ-88KGPS-12M	

10.6 中频炉常用的维修图纸

中频炉常用的维修图纸如图 10-9 ~ 图 10-11 所示。

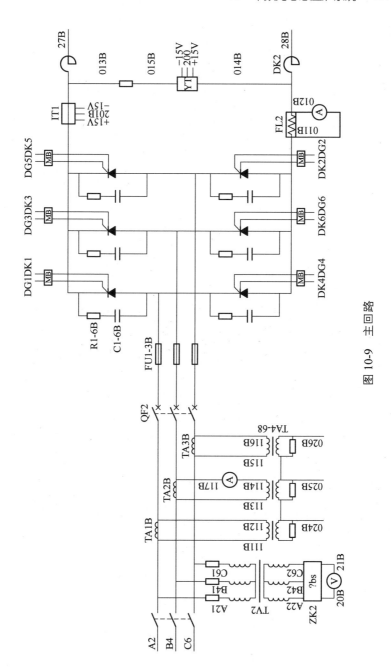

图 10-9 主回路

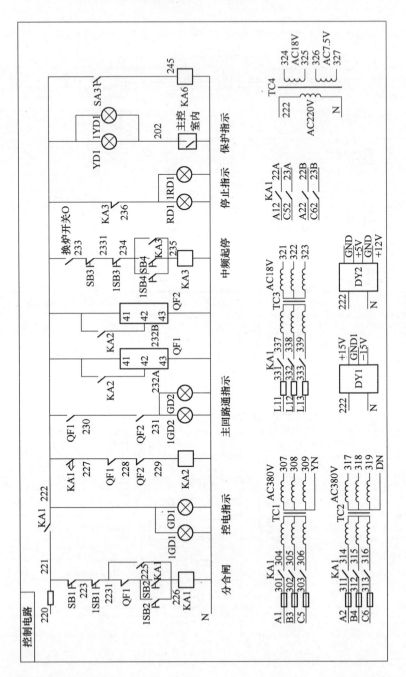

图 10-10 控制回路（一）

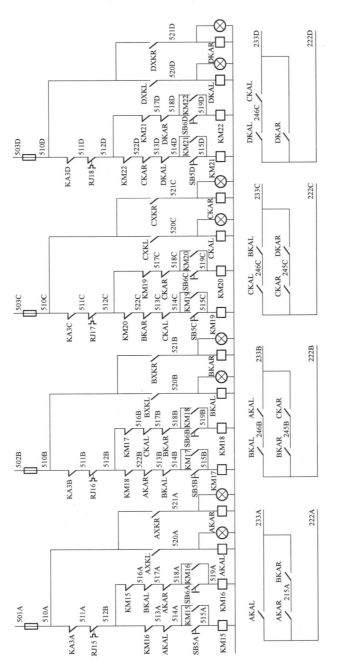

图 10-11 控制回路（二）

11 自动化控制系统

11.1 自动化控制系统的原理及简介

阳极组装车间生产制造设备统一采用美国罗克韦尔（简称 AB 公司）自动化控制系统。AB 控制网网络为一主站多从站控制模式，其系统完全自动控制生产线各设备运行。其控制生产顺序为装卸站→电解质清理机→残极抛丸机→残极压脱机→磷铁环压脱机→钢爪抛丸机→浇铸站→装卸站。工作原理为：控制系统接收到启动信号后，主控制器处理器内部独立的设备程序启动，由各从站输入模块返回限位信号交由主处理器统一处理，在满足其运行条件时，主站向从站输出模块输出电压使得输出模块控制中间继电器操作各对应的电磁阀动作，从而实现远程全自动控制。

11.2 自动化控制系统的结构组成

中控室自动控制系统上位机采用研华工控机 610，下位机采用美国罗克韦尔公司 1756 系列可编程控制器，上位机与下位机之间通过罗克韦尔公司的工业控制网络连接。上位机软件采用非常成熟的工业组态软件 Rockwell HMI 画面系列软件进行编程，界面美观，组态灵活。下位机采用美国罗克韦尔公司的 Rockwell RSLogix 系列对下位机 1756 系列 PLC 进行逻辑编程。Rockwell RSLogix 系列软件功能齐全，操作方便。其他组成部分包括输入模块、输出模块、模拟量模块、DC24V 中间继电器、接近开关、光电开关、激光传感器、触摸屏。PLC 外观图如图 11-1 所示。

图 11-1　PLC 外观

11.3　自动化控制系统常见的故障诊断与维修

11.3.1　控制系统常见的故障及维修

PLC 控制系统原理图如图 11-2 所示。

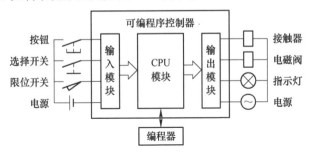

图 11-2　PLC 控制系统原理图

（1）CPU 异常。CPU 异常报警时，应检查 CPU 单元连接于内部总线上的所有器件。具体方法是依次更换可能产生故障的单元，找出故障单元，并做相应处理。

（2）存储器异常。存储器异常报警时，如果是程序存储器的问题，通过重新编程后还会再现故障。这种情况可能是噪声的干扰引起程序的变化，否则应更换存储器。

（3）输入 / 输出单元异常、扩展单元异常。发生这类报警时，应首先检查输入 / 输出单元和扩展单元连接器的插入状态、电缆连接状态，确定故障发生的某单元之后，再更换单元。

（4）不执行程序。一般情况下可依照输入—程序执行—输出的步骤进行检查，输入检查是利用输入 LED 指示灯识别，或用写入器构成的输入监视器检查。当输入 LED 不亮时，可初步确定是外部输入系统故障，再配合万用表检查。如果输出电压不正常，就可确定是输入单元故障。当 LED 亮而内部监视器无显示时，则可认为是输入单元、CPU 单元或扩展单元的故障。

（5）电源重新投入或复位后，动作停止。这种故障可认为是噪声干扰或 PLC 内部接触不良所致。噪声原因一般都是电路板中小电容容量减小或元件性能不良所致，对接触不良原因可通过轻轻敲 PLC 机体进行检查。还要检查电缆和连接器的插入状态。

表 11-1 列出了几种故障现象和处理办法。

表 11-1　自动控制系统的故障及处理方式

故障描述	判断分析	处理措施
处理器停机	CPU 异常报警而停机	切换至测试模式，并检查处理器及内部运行程序
	存储器异常报警而停机	更换存储单元模块
	输入 / 输出单元异常报警而停机	模块接入电压异常，检查接入电源
	扩展单元异常报警而停机	扩张模块主处理器无法识别造成停机，更换扩展模块
程序不执行	全部程序不执行	PLC 处理器未在运行模式，检查处理器状态并手动置为运行模式
	部分程序不执行	PLC 处理器未在运行模式，检查处理器状态并手动置为运行模式
	计数器误动作	计数器数量过多或初始条件异常，检查初始程序并适当减少计数器数量
程序内容变化	长时间停电引起变化	检查主处理器是否正常并重新下载最新控制程序
	电源 ON/OFF 操作引起变化	
	运行中发生变化	
输入 / 输出单元不作	输入信号没有读入 CPU	检查返回线路是否正常
	CPU 没有发出信号	检查控制程序是否正常输出

11.3.2 激光传感器常见的故障与维修

图 11-3 所示为激光传感器。激光传感器是各设备推车机机构主要的电气元件，推车机带着生产导杆移动至生产位置，而激光传感器用于实时返回推车机的位置。因此，激光传感器的维修和调试是自动化设备维修的核心技术，也是维护工必须掌握的技术。表 11-2 给出了阳极组装各设备激光传感器调整参数，此数据供专业检修人员参考。表 11-3 为激光传感器的故障及处理措施。

图 11-3   激光传感器

激光传感器公式：

$$(5000-190)/30840+190$$

表 11-2   激光传感器调整参数

设　备	参　数	
装卸站	4ma-190	20ma-800
电解质清理机	4ma-190	20ma-600
残极抛丸机	4ma-190	20ma-1000
残极压脱机	4ma-190	20ma-400
磷铁环压脱机	4ma-190	20ma-400
钢爪抛丸机	4ma-190	20ma-300

表 11-3　激光传感器的故障及处理措施

故障描述	判断分析	处理措施
激光传感器显示 9999	激光传感器倾斜	重新校正激光传感器固定位置
	激光器红外射点未有效照射	焊接校正激光传感器照射板位置
激光传感器黑屏	24V 供电或者排线异常	拆解激光传感器并重新安装排线
激光传感器闪烁	24V 供电原因	更换 24V 激光传感器电源模块
	激光传感器接地线	重新安装激光传感器接地线路

11.3.3　触摸屏常见的故障诊断与维修

11.3.3.1　AB 触摸屏故障

现象：触摸屏幕时鼠标箭头无任何动作，没有发生位置改变。

原因：造成此现象产生的原因很多，主要有：

（1）表面声波触摸屏四周边上的声波反射条纹上面所积累的尘土或水垢非常严重，导致触摸屏无法工作。

（2）触摸屏发生故障。

（3）触摸屏控制卡发生故障。

（4）触摸屏信号线发生故障。

（5）计算机主机的串口发生故障。

（6）计算机的操作系统发生故障。

（7）触摸屏驱动程序安装错误。

解决方法如下：

（1）观察触摸屏信号指示灯,该灯在正常情况下为有规律的闪烁,大约为每秒钟闪烁一次,当触摸屏幕时,信号灯为常亮,停止触摸后,信号灯恢复闪烁。

（2）如果信号灯在没有触摸时,仍然处于常亮状态,首先检查触摸屏是否需要清洁;其次检查硬件所连接的串口号与软件所设置的串口号是否相符,以及计算机主机的串口是否正常工作。

（3）运行驱动盘中的 COMDUMP 命令，该命令为 DOS 命令，运行时在COMDUMP后面加上空格及串口的代号1或2,并触摸屏幕,看是否有数据滚出。有数据滚出则硬件连接正常,请检查软件的设置是否正确,是否与其他硬件设备发生冲突。如没有数据滚出则硬件出现故障,具体故障点待定。

(4)运行驱动盘中的SAWDUMP命令,该命令为DOS命令,运行程序时,该程序将寻问控制卡的类型、连接的端口号、传输速率,然后程序将从控制卡中读取相关数据。请注意查看屏幕左下角X轴的AGC和Y轴的AGC数值,任一轴的数值为255时,则该轴的换能器出现故障,需进行维修。

(5)安装完驱动程序后进行第一次校正时,注意观察系统报错的详细内容。如"没有找到控制卡""触摸屏没有连接"等,根据提示检查相应的部件。如触摸屏信号线是否与控制卡连接牢固,键盘取电线是否全部与主机连接等。

(6)如仍无法排除,请专业人员维修。

操作触摸屏如图11-4所示。

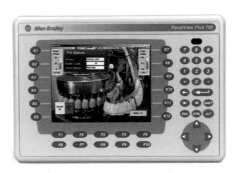

图11-4　操作触摸屏

11.3.3.2　通信背板故障

通信背板状态如图11-5和图11-6所示。当前状态为无通信,或者正在尝试连接中。

现象:通信背板指示灯双闪红色。

原因:在开环控制中,下一级操作设备的终端电阻75MΩ出现损坏,或者下一级的同轴电缆出现断裂或者接入屏蔽层。

图 11-5　正常通信状态图　　　　图 11-6　异常通信状态图

解决方案：排除法，通过在各个下级设备串终端电阻来缩小故障范围，寻找出故障位置。

11.3.4　线路故障的检测与处理

外围线路由现场输入信号（如按钮开关、选择开关、接近开关及一些传感器输出的开关量、继电器输出触点或模数转换器转换的模拟量等）和现场输出信号（电磁阀、继电器、接触器、电机等）以及导线和接线端子等组成。接线松动、元器件损坏、机械故障、干扰等均可引起外围电路故障，排查时要仔细，替换的元器件要选用性能可靠安全系数高的优质器件。

测查方法：用万用表黑色的表针接触火线，用红色的表针接触零线，如果万用表发出嗡鸣声，或者是指示灯闪烁，表明线路是通路，也就是短路，反之则不是短路。

11.3.5　程序模块常见的故障诊断与维修

由于部分电气控制柜在其他区域，在出现故障后，无法短时间精准定位故障问题，因此需要检测程序组态辅助维护人员进行快速定位，定位方法如图 11-7 所示。

图 11-7　检测程序定位方法界面

（1）选择进入 RSLogix5000 软件，界面如图 11-8 所示。

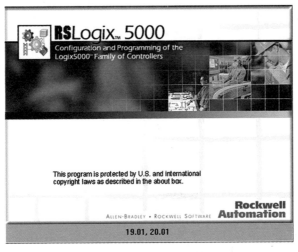

图 11-8　进入 RSLogix5000 软件界面

（2）按照图 11-9 所示的方法选择 SY1.ACD 悬链程序。

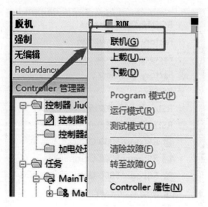

图 11-9　选择 SY1.ACD 悬链程序界面

（3）然后按照图 11-10 所示的界面选择 Go Online 联机处理器。

图 11-10　选择 Go Online 联机处理器界面

（4）如图 11-11 所示，出现当前状态为联机成功。

图 11-11　联机成功界面

（5）图 11-12 所示为 MainTask 所有程序目录界面。

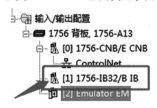

图 11-12　MainTask 所有程序目录界面

（6）图 11-13 所示为发现故障模块界面，可到指定序号控制柜检测模块故障。点击 Go Offline 使程序脱离处理器，保存程序，关闭软件。

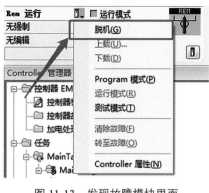

图 11-13　发现故障模块界面

11.4　自动化控制系统备品备件及易损件明细

自动化控制系统备品备件及易损件明细见表 11-4 ~ 表 11-6。

表 11-4　主站设备备件汇总

使用部位	型　号
主处理器	1756-L61 [1756-5561]
AC 开关量输入模块	1756-IM16I
AC 开关量输出模块	1756-OW16
通信模块	1756-CNB

表 11-5　从站设备备件汇总

使用部位	型　号
通信模块	1794-ACN15
DC 开关量输入模块	1794-IB16
DC 开关量输入模块	1794-IB32
DC 开关量输出模块	1794-OW8
DC 开关量输出模块	1794-OB32
模拟量输入模块	1794-IF4

表 11-6　控制元件备件汇总

使用部位	型　号
DC 中间继电器	RXM2LB2BD

12 破碎机

12.1 破碎机的原理及结构组成

阳极组装生产线一般使用颚式破碎机和反击式破碎机两种破碎机。颚式破碎机主要负责将电解质皮带运输来的电解质进行一次破碎，破碎后的物料由皮带运输至反击式破碎机进行二次破碎，二次破碎后的物料将通过斗提式输送机运输至料仓，以供电解生产使用。

12.1.1 颚式破碎机

颚式破碎机的动颚悬挂在偏心轴上，可做左右摆动。偏心轴旋转时，连杆做上下往复运动，带动两块推力板也做往复运动，从而推动动颚做左右往复运动，实现破碎和卸料。此种破碎机采用曲柄双连杆机构，虽然动颚上受到很大的破碎反力，但其偏心轴和连杆却受力不大，所以工业上多制成大型机和中型机用来破碎坚硬的物料。此外，这种破碎机工作时，动颚上每点的运动轨迹都是以偏心轴为中心的圆弧，圆弧半径等于该点至轴心的距离，上端圆弧小，下端圆弧大，破碎效率较低。

颚式破碎机主要由机架、颚板与侧护板、传动件、调节装置、飞轮、润滑装置等组成，如图 12-1 所示。

12.1.2 反击式破碎机

反击式破碎机是一种利用冲击能来破碎物料的破碎机械。机器工作时，在电动机的带动下，转子高速旋转，物料进入板锤作用区时，与转子上的板锤撞击破碎，后又被抛向反击装置上再次破碎，然后又从反击衬板上弹回到板锤作用区重新破碎，此过程重复进行，物料由大到小进入一、二、三反击腔重复进行破碎，直到物料被破碎至所需粒度，由出料口排出。

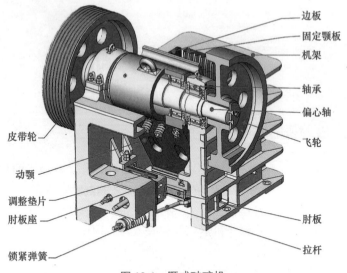

图 12-1　颚式破碎机

　　反击式破碎机主要零、部件有弹簧、栏杆、前反击架、后反击架、反击衬板、方钢、反击衬板螺栓、翻盖装置、主轴、板锤、转子架、衬板、锁紧块、压紧块等，如图 12-2 所示。

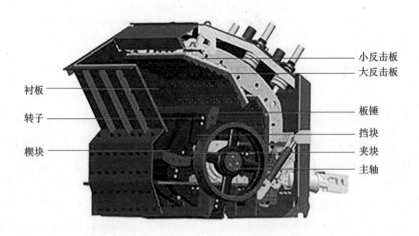

图 12-2　反击式破碎机

12.2 破碎机常见的故障诊断与维修

12.2.1 颚式破碎机常见的故障诊断与维修

颚式破碎机常见的故障和处理方法见表 12-1。

表 12-1 颚式破碎机常见的故障和处理方法

故 障	产生原因	排除方法
飞轮旋转但动颚停止摆动	推力板折断	更换推力板
	连杆损坏	修复连杆
	弹簧断裂	更换弹簧
齿板松动、产生金属撞击	齿板固定螺钉或侧楔板松动	紧固或更换螺钉或侧楔板
轴承温度过高	润滑脂不足或脏污	加入新的润滑脂
	轴承间隙不适合或轴承接触不好或轴承损坏	调整轴承松紧程度或修整轴承座瓦或更换轴承
齿板	齿板下部显著磨损	将齿板调头或调整排料口
推力板支承垫产生撞击声	弹簧拉力不足	调整弹簧力或更换弹簧
	支承垫磨损或松动	紧固或修正支承座
弹簧断裂	调小排料口时未放松弹簧	排料口在调小时首先放松弹簧，调整后适当地拧紧拉杆螺母
机器跳动	地脚紧固螺栓松弛	拧紧或更换地脚螺栓

12.2.2 反击式破碎机常见的故障诊断与维修

（1）反击破启动设备不转。检查是否因停机振动造成喂料机前方物料掉入破碎腔，导致物料卡住转子。需要将破碎腔内的物料清理，再次开机启动即可解决。

（2）反击破轴承发热。检查轴承的润滑情况是否良好，正常情况下润滑油应该充满轴承座容积的 50%；另外一种情况是润滑油变质、黏稠，需要清洗轴承，更换新的润滑油。

（3）设备振动异常。可能是进料尺寸过大；耐磨件磨损不均，反击锤头需要更换；转子不平衡，需调整，校对平衡；检查设备地脚螺栓是否紧固，并适当加固。

（4）反击破皮带翻转。主要是由于皮带破损，需更换三角带，注意保证皮带质量；或者是因为皮带轮装配得不合适，需将主动、从动皮带轮调整在同一平面上。

（5）机器轴承弯曲或断裂。主要原因有主机长期超负荷运转，轴承的热处理不当，破碎物的硬度超标等。处理时，必须要更换新的轴承，并在以后的运行过程中注意及时维护检修。

（6）反击破碎机出现闷车。反击破碎机在运行中突然停机，导致这种故障发生的原因有很多，比如排料口堵塞、皮带打滑、电压过低、轴承损坏等。应对这些问题一一排除，比如清除排料口的堵塞物、调紧皮带、升高电压并保证电压的稳定性、更换轴承等。

（7）设备弹簧部件产生断裂。造成这种故障出现的原因主要是在调小排料口时未将弹簧放松。因此，在处理时必须要对断裂的弹簧进行更换。

（8）破碎腔内部异响。应该立即停机，检查破碎腔内部是否含有金属杂质或者零部件断裂，并清理破碎机腔；检查内部衬板的紧固情况及板锤与衬板之间的间隙，间隙过小也会导致异响。

（9）设备运行中有胶味。导致这种问题发生的主要原因就是皮带打滑，与皮带轮产生摩擦发热发出刺鼻的橡胶味，或者是转子卡死，需要检查机腔内的转子情况并及时解决。

（10）出料粒度过大。说明反击式破碎机板锤或反击衬板磨损严重，引起板锤与反击板的间隙过大，调整前后反击架间隙，或者更换衬板和板锤；调整反击架的位置，使得两侧与机架衬板间的间隙均匀；如果机架上的衬板磨损严重，应及时更换。

13 料斗式输送机

13.1 料斗式输送机的原理及介绍

阳极组装作业区料斗式输送机主要完成将反击破破碎产生的物料提升并运输至高位料仓。料斗式提升机工作原理是：料斗把物料从下面的储仓腔中舀起，随着输送带或链条提升到顶部，绕过顶轮后向下翻转，斗式提升机将物料倾入接受槽内。斗式提升机具有结构简单、占地面积小、提升高度大、工作平稳、噪声小、速度快等特点。

13.2 料斗式输送机的设备组成

以 NE50 型链传动斗提式输送机为例，料斗式提升机主要由驱动电机、减速机、液漏耦合器、首尾轮、驱动链提升链条、料斗等组成。结构如图 13-1 所示。

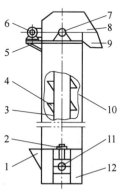

图 13-1　斗式输送机结构

1—进料口；2—拉紧装置；3—牵引机构；4—料斗；5—驱动平台；
6—驱动装置；7—传动轮；8—头部罩壳；9—卸料口；
10—中间罩壳；11—拉紧轮；12—底座

13.3　料斗式输送机常见的故障诊断与维修

（1）料斗带打滑（皮带式）：

1）料斗带张力不够，料斗带打滑，调整张紧装置，若张紧装置不能使料斗带完全张紧，说明张紧装置的行程太短，应重新调整。

2）斗提机超载时，阻力矩增大，导致料斗带打滑，此时应减少物料喂入量，并力求喂料均匀，若减小喂入量后，仍不能改善打滑，则可能是机内物料堆积太多或料斗被异物卡住。

3）头轮和料斗带内表面过于光滑，使两者间的摩擦力减小，导致料斗带打滑。这时可在头轮和料斗带内表面涂一层胶，以增大摩擦力。

4）头轮和底轮轴承转动不灵，阻力矩增大，引起料斗带打滑，可拆洗加油或更换轴承。

5）进料不均匀，忽多忽少，严格控制进料量，空载开车，逐渐打开进料闸门，由机座的玻璃窗孔观察物料面上升状态，物料面达到底轮的水平轴线时，进料闸门不能再增大。

（2）料斗带跑偏：

1）料斗带张力不够，料斗带松，调整张紧装置，若张紧装置不能使料斗带完全张紧，说明张紧装置的行程太短，应重新调整。

2）整机垂直度偏差太大，头轮和尾轮不平行，重新调节头轮和尾轮的平行度和垂直度。

3）料斗带接头不正，指料斗带边缘不在同一直线上，工作时料斗带一边紧，一边松，使料斗带向紧边侧移动，产生跑偏。

4）进料偏向，调整进料位置。

5）头轮、尾轮磨损严重，修理或更换头轮和尾轮。

6）料斗带老化，更换皮带。

（3）料斗带撕裂：

1）一般料斗带跑偏和料斗的脱落过程最容易引起料斗带的撕裂。应及时全面地查清原因，排除故障。

2）物料中混入带尖棱的异物，也会将料斗带划裂，因此在生产中，应在进料口装钢丝网或吸铁石，严防大块异物落入机座。

（4）主动轮处链条脱槽：

1）有料斗变形或料斗内有杂物卡住机壳致使链条受到偏向力量，导致其上部脱出主动轮轮槽。应逐个做好排查，确保其转动顺畅无左右受力现象。

2）两根链条有个别出现断开的现象，排查进行更换。

3）斗勾损坏或安装的料斗两斗勾间距不一导致其脱槽，进行排查更换重新调整料斗上固定斗勾间的距离。

4）主动轮链轮磨损严重无轮缘，进行更换链轮。

（5）料斗回料多：

1）料斗运行速度过快。提升机提升不同的物料，料斗运行的速度有别：一般提升干燥的粉料和粒料时，速度约为 1~2m/s；提升块状物料时，速度为 0.4~0.6m/s；提升潮湿的粉料和粒料时，速度为 0.6~0.8m/s。速度过大，卸料提前,造成回料。这时应根据提升的物料，适当降低料斗的速度，避免回料。

2）斗提机导料板在出料口。料斗与导料板间隙应在 10~20mm，不能太大也不能太小，间隙大，回料多；间隙小，料斗与导料板相碰，无法运行。

3）打开提升机的机头上盖，仔细观察提升机在工作中物料抛出后的运动轨迹。若物料抛得又高又远，已越过卸料管的进口，这说明机头外壳的几何尺寸过小,解决的办法是适当地把机头外壳尺寸放大。

4）若发现部分物料抛得很高，落下来又达不到卸料管口时说明料斗抛料的时间过早，解决办法是降低胶带的运动速度，降低带速最简单的方法是将电机上的皮带轮缩小一些。

5）若发现部分物料抛出后落得很近，不能进入卸料管，甚至倒入无载分支机筒内，这说明料斗卸料结束得太迟，解决办法是修改料斗形状，加大料斗底角或减少料斗深度。

6）若发现部分物料抛出后碰到前方料斗的底部，撞回机筒形成回料时，这说明料斗间距过小，可适当增大距离。

7）若发现料斗在头轮的后半圆时尾部翘起，改变了物料抛出后的运动轨道形成回流，这说明料斗高度尺寸太大，可适当减少料斗高度加以解决。

（6）料斗脱落：

1）进料过多造成物料在机座内堆积，料斗运行不畅，此时应立即停机，抽出底座下的插板，排出机座内的积存物。

2）进料口位置太低，应将进料口位置调至底轮中心线以上，防止料斗脱落。

3）料斗材质不好，强度有限，料斗是提升机的承载部件，对它的材料有着较高的要求，安装时应尽量选配强度好的材料。一般料斗用普通钢板或镀锌板材焊接或冲压而成，其边缘采用折边或卷入铅丝以增强料斗的强度。

4）开机时没有清除机座内的积存物，在生产中，经常会遇到突然停电或其他原因而停机现象，若再开机时，易引起料斗受冲击太大而断裂脱落。

（7）电动机底座振动：

1）电动机本身旋转不良，卸下转子检查静平衡。

2）减速机与电动机安装精度差，对中超过规范要求，进行重新调整。

3）电动机底座安装精度不够，水平度超过规范要求，进行重新调整。

4）头轮和尾轮安装有误差，需重新调整。

5）头轮和尾轮松紧度不适当，应再调整。

（8）运转时发生异常音响：

1）斗式提升机机座底板和料斗相碰，调整机座的松紧装置，使胶带张紧。

2）传动轴、从动轴键松动，带轮位移，料斗与机壳相碰，调整带轮位置，把键装紧。

3）导向板与料斗相碰，修整导向板位置。

4）导向板与料斗间夹有物料，放大机座部物料投入角。

5）轴承发生故障，不能灵活运转，应更换轴承。

6）料块或其他异物在机座内卡死，停机清除异物。

7）传动轮条产生空转，调整胶带长度。

8）机壳安装不正，调正机壳全长的垂直度。

（9）提升量达不到设计能力：

1）物料黏结在链斗及溜子上，根据黏结情况，定期做好检查清理。

2）斗提机前部机械设备容量不足，物料投入量少，需设法提高前部设备的生产能力。

3）提升速度慢，改变传动链轮的转速比。

4）料斗损坏或缺失过多。

5）斗提机进料点安装错误，导致料斗载料较少。

（10）物料排出量不足：

1）提升机后部机械设备能力小，使排料管堵塞，提高后部机械设备的生产能力。

2）排料口料管较小或角度不合适，修正排料口或料管。

3）物料粘在料斗或料管内，需定期做好清理。

（11）漏灰：

1）机壳连接部分密封垫损坏或缺失，更换新的密封垫，涂抹密封胶，重新固定连接螺栓。

2）物料从机头、机座各缝隙处泄出，做好密封工作。

3）投入物料的高差过大，增加了投料压力，需改变投料方法，增加进料的缓冲装置。

14 带式输送机

14.1 带式输送机的原理及介绍

带式输送机是一种摩擦驱动以连续方式运输物料的机械。主要由机架、输送带、托辊、滚筒、张紧装置、传动装置等组成。带式输送机是最理想的高效连续运输设备，与其他运输设备相比，具有输送距离长、运量大、连续输送等优点，而且运行可靠，易于实现自动化和集中化控制。作业区皮带运输系统包括电解质皮带运输系统、残极皮带运输系统、磷铁环皮带运输系统等，主要完成对配套上游工艺设备产生的电解质、残极、磷铁环的运输。皮带类型包括固定式水平输送皮带、大倾角挡边式输送皮带和可逆带式输送机。

14.2 带式输送机的设备组成

带式输送机主要由胶带、托辊组、滚筒组、驱动装置（含电动机、减速器、机械联轴节、驱动装置底座等）、盘式制动器、逆止器、拉紧装置、导料槽、皮带清扫器、中间架、支腿、滚筒支架、接料板、安全防护罩、护栏等钢结构件组成，如图 14-1 和图 14-2 所示。

14.3 带式输送机常见的故障与维修

14.3.1 输送带跑偏的原因及处理

输送带跑偏的根本原因是输送带在运行过程中横向受力不平衡。头部输送带跑偏，可通过调整传动滚筒支座上的调整螺栓纠偏，一般是往哪边跑就将哪边的滚筒沿输送带运行方向前移一段距离。尾部滚

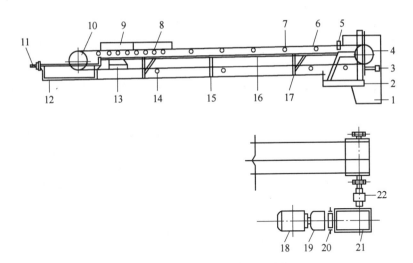

图 14-1 固定水平带式输送机结构图

1—头部漏斗；2—机架；3—头部清扫器；4—传动滚筒；5—安全保护装置；6—输送带；
7—承载托辊；8—缓冲托辊；9—导料槽；10—改向滚筒；11—螺旋拉紧装置；
12—尾架；13—空段清扫器；14—回程托辊；15—Ⅰ型支腿；16—中间架；
17—Ⅱ型支腿；18—电机；19—液力耦合器；20—制动器；
21—减速机；22—联轴器

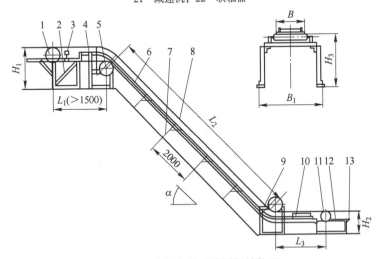

图 14-2 大倾角带式输送机结构图

1—电动滚筒；2—头架；3—拍打装置；4—凸弧中间段；5—压带轮；6—中间架；
7—中间架支腿；8—波状挡边胶；9—凹弧中间段；10—加料段；
11—改向滚筒；12—尾架；13—张紧装置

筒跑偏调整方向则相反。每次调整完后，需要观察一段时间，看是否调好。输送带跑偏，会与机架摩擦，产生带边拉毛、开裂，如不及时修补会导致输送带撕裂倾向扩大，造成断带事故发生。带边拉毛，可采用橡胶修补剂粘接修补。输送带带边撕裂，可采取局部冷胶粘补和局部硫化粘补，方法与输送带接头相同。具体调整方法如下：

（1）调整承载托辊组。皮带在整个皮带输送机的中部跑偏时可调整托辊组的位置来调整跑偏；在制造时，托辊组的两侧安装孔都加工成长孔，以便进行调整。具体调整方法是皮带偏向哪一侧，托辊组的哪一侧朝皮带前进方向前移，或另外一侧后移。

（2）安装调心托辊组。调心托辊组有多种类型，如中间转轴式、四连杆式、立式等，其原理是采用阻挡或托辊在水平面内方向转动阻挡或产生横向推力使皮带自动向心达到调整皮带跑偏的目的。

（3）调整驱动滚筒与改向滚筒位置。驱动滚筒与改向滚筒的调整是皮带跑偏调整的重要环节。其调整方法与调整托辊组类似。对于头部滚筒，如皮带向滚筒的右侧跑偏，则右侧的轴承座应当向前移动；皮带向滚筒的左侧跑偏，则左侧的轴承座应当向前移动，相对应的也可将左侧轴承座后移或右侧轴承座后移。尾部滚筒的调整方法与头部滚筒刚好相反。

（4）张紧处的调整。重锤张紧处上部的两个改向滚筒除应垂直于皮带长度方向以外还应垂直于重力垂线，即保证其轴中心线水平。具体的皮带跑偏的调整方法与滚筒处的调整类似。

（5）双向运行皮带输送机跑偏的调整。双向运行的皮带输送机皮带跑偏的调整比单向皮带输送机跑偏的调整相对要困难许多，在具体调整时应先调整某一个方向，然后调整另外一个方向。调整时要仔细观察皮带运动方向与跑偏趋势的关系，逐个进行调整。重点应放在驱动滚筒和改向滚筒的调整上，其次是托辊的调整与物料的落料点的调整。同时应注意皮带在硫化接头时应使皮带断面长度方向上的受力均匀，在采用导链牵引时两侧的受力尽可能的相等。

14.3.2　输送带打滑的原因及处理

螺旋拉紧的输送机打滑，可调整张紧行程来增大张力。重力拉紧的输送机打滑，采取添加配重来解决，添加到输送带不打滑为止，但不应添加过多，以免输送带承受不必要的过大张力而降低输送带的使用寿命。

传动滚筒橡胶层磨损过度后，输送带与滚筒的摩擦力降低，也可造成输送机重载时打滑，需将滚筒重新铸胶。

14.3.3 托辊不转的原因及处理

托辊不转是由于托辊轴承润滑不良或者是轴承损坏，造成托辊卡滞，需对轴承添加润滑脂或更换新轴承。对于损坏的托辊直接进行更换。

14.3.4 尾部堵料的原因及处理

输送机尾部积料，如不及时排除，会造成堵料，尾部滚筒卡死，导致输送机过载，电机跳闸停机。堵料的原因是输送机撒料，因槽型单托辊带式输送机箱体的底板是密闭的，撒料原因一般有两种：

（1）输送带撒料。跑偏时的撒料是因为输送带在运行时两个边缘高度发生了变化，一边高一边低，物料从低的一边撒出，处理方法是调整输送带的跑偏。

（2）下料口撒料。下料口撒料主要原因是进入皮带的物料由于惯性飞溅出运输皮带，处理方法是对下料口区域进行封堵，防止物料撒出。

14.3.5 驱动装置损坏的原因及处理

驱动装置损坏主要有驱动电机故障和减速机破裂、齿轮损坏无法传递动力等。

处理方法：检查驱动电机，确保电机完好，控制回路正常；检查减速机有无损坏；检查皮带是否被物料阻塞，发现阻塞立即清理。

14.4 输送皮带粘接工艺

14.4.1 粘接工艺及原理

输送带接头的好坏直接影响输送带的使用寿命和输送线能否平

稳顺畅地运行。输送带接头常用方法有皮带扣机械接头、热硫化接头、冷粘接接头等。机械接头强度仅能达到带体强度的 40%~50%，接头操作方便，也比较经济，但接头损伤带体本身，效率低，容易损坏，还容易漏料、撕裂，对输送带的使用寿命有一定影响，当下使用率已经越来越低了。热胶接头强度能达到带体强度的 80%~90%。但是存在工艺麻烦、费用高、接头时间长等缺点。输送带冷粘接头法，即采用冷粘黏合剂来进行接头，操作简便，粘接力强，不需要大型设备，也不需要大量人力物力，通常用于帆布尼龙等中低强度的分层带接头处理。这种接头办法比机械接头的效率高，也比较经济，有比较好的接头效果，使用普遍，作者所在作业区运输皮带接头现采用这种粘接方式。

14.4.2　粘接步骤和方法

以型号 PE200-1400×6（6+2）的输送带为例。使用工具：皮带胶、扒皮机、扒带钳、板尺、角磨机（带钢丝刷）、美工刀、手锤、鞋钉、碘钨灯、记号笔等。

14.4.2.1　裁割

（1）确定台阶数。为了提高接头的抗剪切、弯曲、剥离强度和承载能力，使接头的强度尽量接近皮带的强度，应采用分层阶梯搭接的形式，接头长度等于皮带宽度的 1~1.2 倍（1500mm），台阶数大于等于线层数的一半（3 层）。

（2）确定角度、划线。倾斜角度一般为 30°，由于皮带输送机一般均设有清扫装置，为了避免运行时将粘好的接头刮起，根据皮带运行方向，皮带前搭接头应从其底面往上开始划线切割，后搭接头应从其上面往前开始划线切割，不可反向设计。

（3）裁割。制作台阶时各阶梯线应保持平行，用锋利的刀具按划线逐层切割，台阶尺寸、角度要准确，下刀用力要均匀，最理想的是这层线拉起来在刀口上能看到有细毛。输送带接头最应该掌握好输送带剥皮方法，这也是输送皮带接头技术难点，看似非常简单，但对剥头技术要求高，劳动强度大。对于小皮带或者棉线皮带可以选择人工扒皮钳剥头；对于大皮带或者质量非常好的皮带可以选择扒皮机进行剥头，如图 14-3 所示。

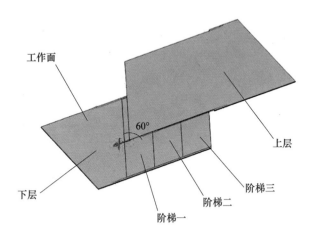

图 14-3 运输皮带接头粘接方式

14.4.2.2 打磨

（1）打磨。打磨即打毛刺，皮带接头剥开后，将剥台阶前留出的皮带边子用刀削平，并用钢丝刷、粗砂布、锉刀等工具把结合面上的胶质清净、除污，然后将帆布层打毛，增加黏合后的摩擦力，提高粘接质量，经过打毛的接头表面必须保持干净、平整，现场操作时用橡胶水（丙酮）清洗后再用碘钨灯烤干表面，去掉胶带表面水分，增强黏合力。

（2）试合口。检查接口吻合情况，保证合后其误差为 ±2mm，画出标记线。

14.4.2.3 刷胶

（1）皮带胶（冷粘剂）的用量。要想取得较好的粘接质量既要讲究工艺操作也要保证足够的胶料（根据接头的面积和胶的比重计算）。

（2）刷胶。将皮带胶和配套的固化剂混合搅拌均匀，迅速涂到打磨面上，刷胶时现场必须保证无粉尘飞扬，以保证接口清洁，刷胶次数以 2~3 次为宜，每次方位要匀，薄厚要匀，每刷一次要用碘钨灯烘烤，以便加速固化，用手指轻触不粘且有黏性时再刷第二次，以此类推。需要注意的是烘烤时碘钨灯要来回移动，避免长时间烘烤同一位置导致着火。

14.4.2.4 接头黏合

（1）合口锤实。用手指轻触涂胶面，感觉微有粘指但不被手指粘掉胶为止，按试合口情况合口，把皮带两端抬起悬空对正、对齐的情况下，把接头合拢压紧，放至担在皮带架的平板上，用皮锤按接头处的对称位置由内向外逐次敲紧，排出接口内空气，使两个接台面充分接触，没有缝隙，然后压实固化，时间越长越好，至少放置4h。

（2）涂保护胶、钉鞋钉。粘接后可以在合缝处涂以半凝固的保护性胶，并在黏合缝周围钉上鞋钉，防止周边开胶翘起。

参 考 文 献

[1] 张利平. 液压与气动技术 [M]. 北京：化学工业出版社，2007.

[2] 阮礽忠. 常用电气控制线路手册 [M]. 福州：福建科学技术出版社，2009.

[3] 王兆明. 可编程序控制器原理、应用与实训 [M]. 北京：机械工业出版社，2008.

[4] 关醒凡. 现代泵技术手册 [M]. 北京：宇航出版社，1995.

[5] 雷继尧，何世德. 机械故障诊断基础知识 [M]. 西安：西安交通大学出版社，1989.

[6] 郑国伟，文德邦. 设备管理与维修工作手册 [M]. 长沙：湖南科学技术出版社，1989.

[7] 郭汀. 电气图形符号文字符号便查手册 [M]. 北京：化学工业出版社，2010.

[8] 杨建勋，张殿印. 袋式除尘器设计指南 [M]. 北京：机械工业出版社，2012.

[9] 张利平. 液压气动系统设计手册 [M]. 北京：机械工业出版社，1997.

[10] 张应龙. 快速看懂液压气动系统图 [M]. 北京：化学工业出版社，2017.

[11] 麻玉川. 工业电器设备原理与维修 [M]. 北京：国防工业出版社，2010.